〔日〕〔日本顺天堂大学特聘教授〕
坂井建雄 监修

冯利敏 译

进化的痕迹

奇妙的人体结构图鉴

南海出版公司

2020·海口

奇妙的人体进化之旅

38亿年前，地球上第一个生命体诞生了。而和人类一样拥有脊柱和大脑的动物（脊椎动物），大约出现于距今5亿4200万年前。当时的地球正处于寒武纪，是各种生物不断涌现的时期。

最初，地球上所有动物都生活在水里，后来进化出四肢，渐渐开始爬上陆地。再到后来，动物们进化出了羊膜，这时的动物已经完全变成陆生生物了。所谓羊膜，是一种包裹胚胎的膜组织。羊膜中有羊水，这样就保证了胎儿可以存活于和水下生活相同的环境中。由此，原本一直生活在水中的动物成功迁移到了陆地上。说起来，这已经是3亿6000万年前的事了。

在恐龙称霸地球的中生代，哺乳动物诞生了。初期的哺乳动物为卵生、母乳喂养。带胎盘的哺乳类（真兽类）出现后，就变成在体内孕育胎儿，待胎儿发育成熟后再产出体外这种繁殖方式了。

接着灵长类动物也诞生了。灵长类首次出现于约6500万年前、恐龙刚灭绝的时候。有研究认为，最初的灵长类形似松鼠，善于攀爬树木。

灵长类中，晚期智人进化成了能够双腿直立行走、可以制造工具的现代人。后来，现代人融合了尼安德特人，变成了地球上唯一的人类。从那时到现在，时间又走过了28000年。在此期间，现代人发明了工具，发展出农业，构建起庞大的社会体系，创造出了发达的人类文明。

同时，在生命诞生之初到现代人类出现的漫长岁月中，人体也在不断进化——进化出四肢、进化出羊膜、进化出胎盘、直立行走……最后成为了现代人类。

本书旨在剖析人体进化的历史以及人体构造的奇妙之处。所讲解的知识浅显易懂，希望这些信息能够为未来解开更多人体奥秘提供契机。

人体进化的痕迹

19世纪的德国生物学家恩斯特·海克尔提出了重演律学说，认为"个体发育重演着系统发育"，即所有动物在胚胎时期的发育过程其实就是整个生物进化的过程。

人类也是如此，受精卵的发育初期几乎和鱼是同样的形态，后来才长成了人类的样子。人类先是由受精卵发育成胎儿，出生后变成婴儿，再经过一定时期的生长发育，才得以直立行走。一个人的发育过程，和人类从最初的脊椎动物进化成现代人类的过程是一样的。

在进化过程中，人类掌握了越来越多的能力，同时也退化掉了很多器官和机能。

那些退化了的器官或机能中，仍有一部分在现代人类的身体上遗留下了痕迹，这些器官被称为痕迹器官，其他则成为完全退化掉的器官（退化器官）。本书中也会大量涉及对这类器官的解说。

我们有幸请到日本顺天堂大学教授坂井建雄老师来指导本书的编纂。坂井老师从解剖学和人体构造学的角度，为我们提出了很多宝贵的意见。

书中部分插图，由担任日本多所美术大学解剖学课程讲师的阿久津裕彦老师执笔绘制。除此之外，我们还放入了很多立体插图，以便大家更真实、直观地去理解讲解内容。

那么，现在就让我们开始这趟神奇的人体探秘之旅吧！

本书编辑部

人类直系祖先进化系统

	时代	年代	环境	出现动物
新生代	全新世	1万年前	气温变暖	
	更新世	180万年前	气温降低	现代人
	上新世	530万年前	草原扩张	人属
	中新世	2300万年前		人类
	渐新世	3400万年前	气温降低	类人猿
	始新世	5600万年前		高等灵长类
	古新世	6550万年前		灵长类
中生代	白垩纪	1亿4500万年前	气温降低	
	侏罗纪	2亿年前	气温变暖	
	三叠纪	2亿5100万年前	极度干燥	哺乳类
古生代	二叠纪	3亿年前		
	石炭纪	3亿6000万年前		羊膜动物
	泥盆纪	4亿1600万年前	干燥	四足动物
	志留纪	4亿4300万年前		
	奥陶纪	4亿8800万年前		
	寒武纪	5亿4200万年前	浅海	脊椎动物

此图参考《"退化"的进化学》（日本讲谈社"BlueBacks丛书"）内容制作

目 录 CONTENTS

第一章　头部与感觉器官

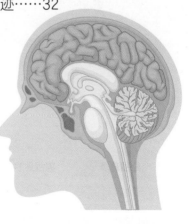

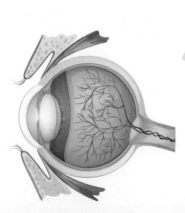

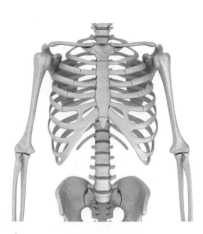

第二章　骨骼与肌肉

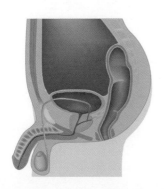

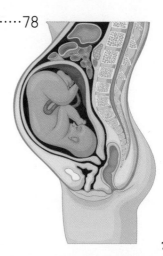

第三章 生殖器官

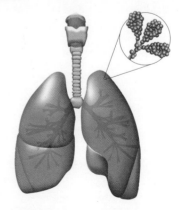

第六章　皮肤与体毛

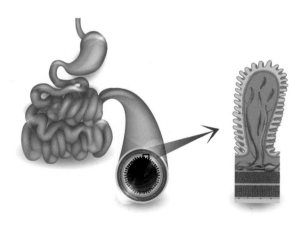

第七章　内分泌系统

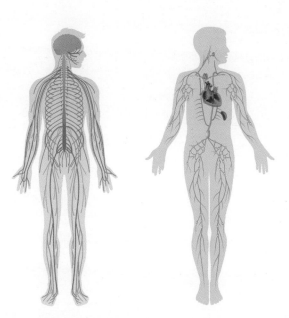

骨骼

在探索人体的秘密之前，我们先来学习一些关于人体构造的基础知识。首先来看一下骨骼。

人的身体中共有两百多块骨头，骨骼正是由这些骨头组合而成。有了骨骼的支撑，人才得以保持人的模样。

骨骼大致可以分为躯干骨和四肢骨两部分。躯干部分主要由头部、颈部、胸部、骨盆组成；四肢部分由上肢、下肢组成。

在躯干的中后位，有身体的支柱——脊柱。脊柱通过肋骨与胸骨相连，构成一个可以包裹内脏的框架，以此来保护重要脏器不受伤害。

四肢可分为上肢和下肢，分别由肱骨和股骨两种中心骨构成。肌肉附着在骨骼上，手脚随着肌肉的收缩而活动。

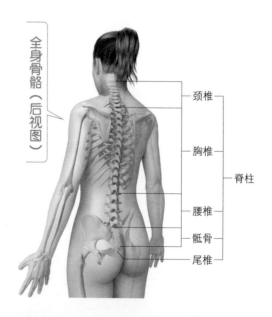

全身骨骼（后视图）

颈椎

胸椎

脊柱

腰椎

骶骨

尾椎

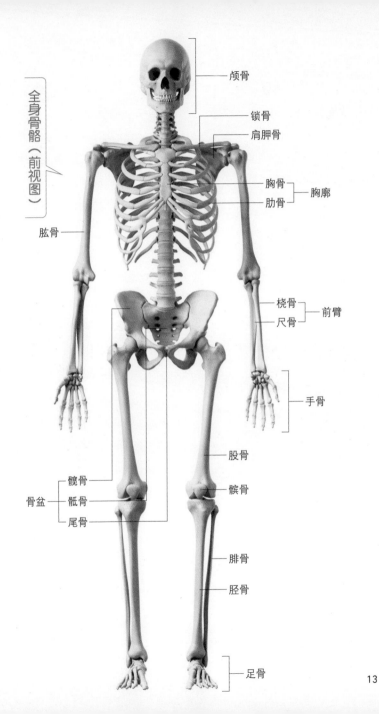

全身骨骼（前视图）

颅骨

锁骨

肩胛骨

胸骨 — 胸廓
肋骨 —

肱骨

桡骨 — 前臂
尺骨 —

手骨

股骨

髋骨 — 骨盆
骶骨
尾骨

髌骨

腓骨

胫骨

足骨

13

肌肉

　　现在我们来讲一下肌肉的基础知识。肌肉分为"受意识控制的肌肉"和"不被意识所控制的肌肉"两类。其中，受意识控制的肌肉被称作"随意肌"，不被意识所控制的肌肉被称作"不随意肌"。

　　在随意肌中，有一种是骨骼肌，它是一种连接骨头、通过伸缩使身体能够活动的肌肉。比如我们所熟知的三角肌，它是生长在肩部的三角形肌肉，起到连接锁骨、肩胛骨和肱骨的作用，并且可以使胳膊向一侧平举。有关骨骼肌的介绍，大家可以参考右页插图来理解。

　　不随意肌是一种由自律神经支配的肌肉。构成心脏壁的心肌、构成内脏壁和血管壁的平滑肌都属于这类肌肉。正因为如此，当自律神经出现异常时，往往会给心脏或内脏等带来伤害。

　　肌肉的名称比较复杂，可能大部分人都觉得很难记，下面给大家推荐几个要点来帮助大家记忆。比如"肱肌"，这是一种以所在位置而命名的肌肉；"菱形肌"则是以自身所呈现的形状而命名；而"内收肌""肱二头肌"又是分别以功能和肌的起点数目来定名的。如果理解了关节的运动机制，自然也能明白肌肉的活动原理。关节沿冠状轴进行运动时，相连关节的两骨之间角度变小的运动叫作"屈曲"，反之则是"伸展"，如向前抬腿时，大腿股骨就围绕髋关节做了前屈的运动；关节沿着矢状轴运动时，骨远离身体称为"外展"，向身体靠拢则是"内收"，如两臂侧平举的动作过程，就是两臂围绕肩关节作外展的运动；"外旋"是上臂或腿向后外侧旋转的运动，向前内侧旋转则是"内旋"；前臂（或手腕）向外转是"外翻"，向内转是"内翻"。

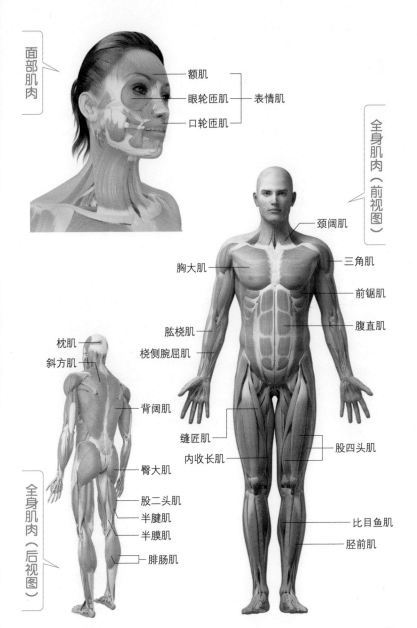

面部肌肉

额肌
眼轮匝肌 — 表情肌
口轮匝肌

全身肌肉（前视图）

颈阔肌
三角肌
胸大肌
前锯肌
腹直肌
肱桡肌
桡侧腕屈肌
枕肌
斜方肌
背阔肌
缝匠肌
内收长肌
股四头肌
臀大肌
股二头肌
半腱肌
半膜肌
比目鱼肌
胫前肌
腓肠肌

全身肌肉（后视图）

人体的基础构造 3

系统

　　人体的器官，可以根据其功能分为几个群组，这些群组被称作"系统"。一般我们会将人体划分为十个系统。

　　首先来介绍一下运动系统。运动系统由骨、关节和骨骼肌组成，还可细分为骨骼系统和肌肉系统。

　　然后是循环系统。循环系统由循环器官组成，通过血液向全身输送营养。主要包括心脏、动脉血管、静脉血管和淋巴。

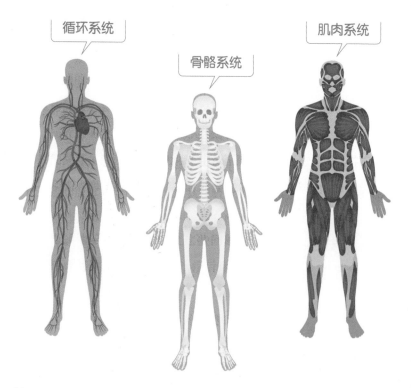

接下来是消化系统。消化系统是把摄取的食物经消化、吸收后排泄出体外的所有器官的统称，由消化道和消化腺两大部分组成。消化道主要包括口腔、咽、食道、胃、肠、肛门等；消化腺有唾液腺、胆囊、肝脏、胰脏等。

而呼吸系统分布在头部和胸部，由口、鼻负责从外界吸入新鲜氧气，然后再由肺等器官把从血液中回收的二氧化碳交换出去。

当然大家也不要忘记泌尿生殖系统。泌尿生殖系统有时还会被细分成泌尿系统和生殖系统。泌尿系统的主要功能是排泄，通过肾脏等器官形成尿液，并借此将身体废物排出体外。男性生殖器官和女性生殖器官则属于生殖系统。

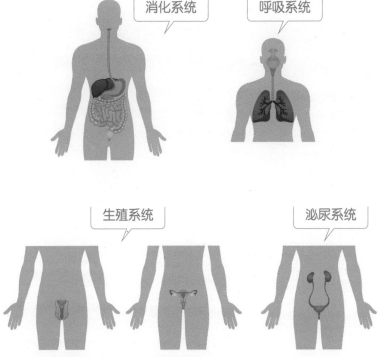

除上述大家所熟知的系统之外，下面介绍的三个听上去就稍微有些陌生了。

　　首先是内分泌系统，这是一个分泌激素、调节人体机制的系统。

　　其次是感觉系统，控制人体五大感觉的系统——皮肤负责触觉，眼睛负责视觉，耳朵负责听觉，鼻子负责嗅觉，舌头负责味觉。

　　最后是神经系统。神经系统主要由神经组织构成，可分为中枢神经系统和周围神经系统两部分。其中，中枢神经系统包括脑和脊髓。除脑和脊髓外，其他所有遍布全身的神经都属于周围神经系统。常见的周围神经有运动神经、感觉神经、交感神经与副交感神经、自律神经等。

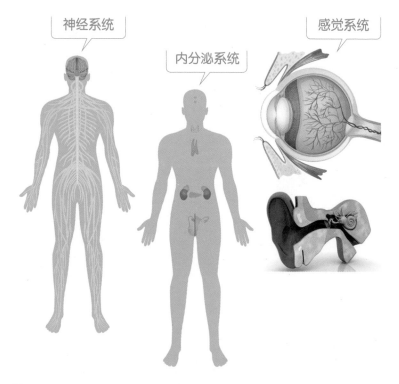

神经系统

内分泌系统

感觉系统

第一章 头部与感觉器官

脑的产生与进化

由神经管发育形成的脑和脊髓

神经系统由中枢神经系统和周围神经系统两部分组成。

周围神经遍布全身，其中的感觉神经会将身体感知到的讯息传达给中枢神经系统；运动神经可以向身体发送神经冲动，完成动作。通过周围神经收集信息，加工处理后，支配与控制动物全部行为的神经就是中枢神经。

人类的中枢神经由大脑和脊髓组成。而实际上，这两个部分是由同一根神经管发育而来的。神经管是在受精卵发育到第三周的胚胎阶段形成的。

胚胎背部的一部分表皮（神经板）向内凹陷，形成一条大沟（神经沟）。神经沟逐渐变深，最后闭合，在体内形成管状组织（神经管）。

神经管进一步发育，头端膨大变成脑，尾端延伸形成脊髓。其中，头端最前侧向后膨大，形成大脑；再稍微往下一点的位置膨出小脑。也就是说，在人类胚胎发育的初期阶段，神经管就已形成，几乎和心脏出现在同一时期。

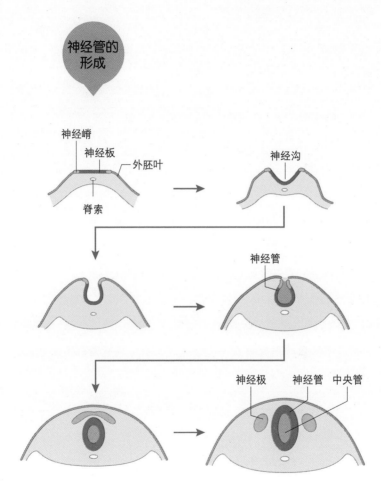

神经管的
形成

神经嵴
神经板
外胚叶
脊索

神经沟

神经管

神经极 神经管 中央管

摘自《图解感觉器官的进化》（日本讲谈社"BlueBacks丛书"）

运动使小脑更发达

与其他脊椎动物（拥有脊椎骨和中枢神经的动物）相比，人类具有更加发达的大脑和小脑，尤其是大脑。这是为什么呢？在解答这个问题之前，让我们先来简单地了解一下脑的结构。

人脑的主要组成部分有大脑、脑干（含间脑）、小脑，除此之外还有胼胝体、穹隆、垂体等。

大脑在脑中体积最大，小脑位于大脑后下方，被大脑和小脑包围着的是脑干。脑干上连间脑，下连脊髓，自上而下由中脑、脑桥、延髓三部分构成。

一般认为，脊柱动物的脑也是由脑干头端膨大形成的，可分为前脑、中脑、菱脑三部分，分别与人类的大脑、中脑、小脑相对应。

因为脑的器质特点，每个部位负责接收处理刺激的类型是不同的。

例如嗅觉刺激由大脑负责，视觉刺激由中脑负责，听觉与平衡感觉由小脑负责。感觉系统的不断发达，也会促进脑的发育与进化。

脑的构造

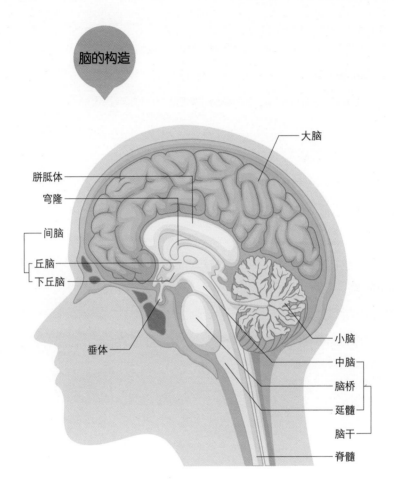

大脑

胼胝体

穹隆

间脑

丘脑

下丘脑

垂体

小脑

中脑

脑桥

延髓

脑干

脊髓

大多数的鱼类、鸟类和哺乳动物都具有发达的小脑。它们凭借自身强大的运动能力，分别在水里、空中、陆地上自由自在地活动着。这全都依赖于小脑对身体平衡的调节，保证了肢体动作的协调。

鱼类、两栖动物、爬行动物的主要中枢神经是中脑，视觉等所有感觉信号都汇集于此。

哺乳动物的大脑在黑暗中不断进化、逐渐发达

哺乳动物拥有发达的大脑，大脑是它们各类感觉刺激的"集散地"。

究其原由，得从哺乳动物诞生之时说起。哺乳动物诞生于中生代三叠纪中期，当时的地球霸主是恐龙。恐龙存在的时期被称作中生代，往前是古生代，往后是新生代。中生代共持续了约1亿8000万年，三叠纪是中生代的第一个阶段。

对于哺乳动物来说，中生代的地球几乎没有它们的立足之地，生活十分艰辛。虽说有些哺乳动物以捕食恐龙幼崽为生，但这类动物少之又少，大部分都只有被恐龙捕食的份儿。

为了躲避恐龙的袭击，哺乳动物改在夜间出来活动。在黑暗中，相比视觉，发达的嗅觉更加有用。

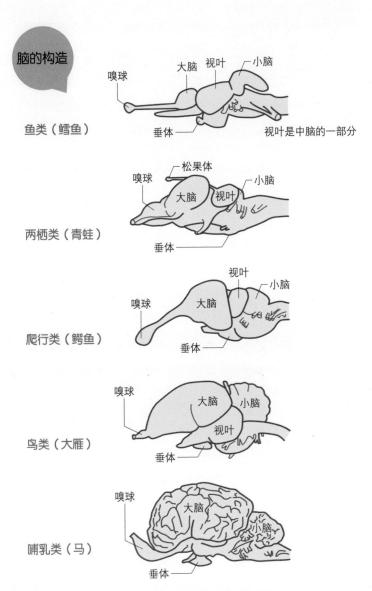

脑的构造

鱼类（鳕鱼）

嗅球　　大脑　视叶　小脑

垂体　　　　　　　视叶是中脑的一部分

两栖类（青蛙）

松果体

嗅球　　大脑　视叶　小脑

垂体

爬行类（鳄鱼）

视叶

嗅球　　大脑　小脑

垂体

鸟类（大雁）

嗅球　　大脑　小脑

视叶

垂体

哺乳类（马）

嗅球　　大脑　小脑

垂体

摘自《观人体　谈进化》（*Newton Press*《日本牛顿科学杂志》）

所以，现在很多哺乳动物视力都很差，也无法辨别颜色。例如斗牛，使其兴奋的实际上不是红色，而是来回摇晃的布条；猫看到移动的物体会立刻扑上去，事实上它们对颜色的认知只有深和浅的差别而已。

灵长类也是哺乳动物的一种，但能够辨别颜色

虽然大部分哺乳动物都不能辨别颜色，但人类是个例外。人类和猴子等灵长类动物都能够分辨颜色。

简单来说，灵长类能够辨别色彩主要是因为它们会爬树。在夜里，哺乳动物主要依靠听觉和嗅觉来探查危险、捕捉猎物，灵长类动物则习得了爬树的本领。在树上，动物可以看到更多、更全面的事物。阳光照在果子上，反射出鲜艳诱人的色彩，一个缤纷斑斓的世界在灵长类动物的眼中展开。

也许就是在这一时期，灵长类动物也和其他哺乳动物一样，原本处理视觉刺激的中脑退化了，接受处理视觉刺激的职能转由大脑承担，同时兼顾嗅觉信号处理的大脑也因此变得更加发达。

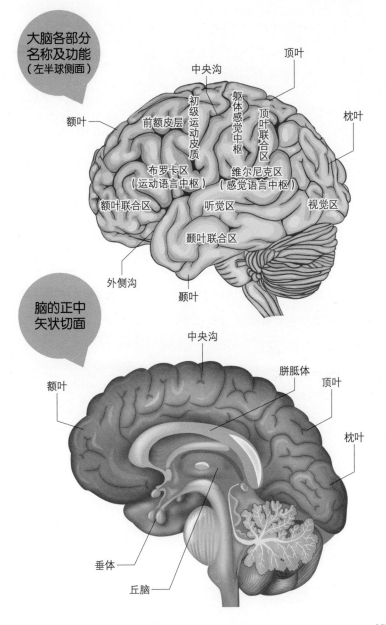

大脑各部分名称及功能（左半球侧面）

顶叶

中央沟

初级运动皮质

躯体感觉中枢

顶叶联合区

枕叶

额叶

前额皮层

布罗卡区（运动语言中枢）

维尔尼克区（感觉语言中枢）

额叶联合区

听觉区

视觉区

颞叶联合区

外侧沟

颞叶

脑的正中矢状切面

中央沟

胼胝体

顶叶

额叶

枕叶

垂体

丘脑

色盲的成因
人类的两种视觉细胞

　　在人类眼球最内侧，有一个被称作"视网膜"的组织，眼球通过视网膜感知物体散发出的光线，并将这些光信号传达给大脑，再由大脑将这些信号转换为我们所看到的影像。感知光线的细胞就是视觉细胞。

　　视觉细胞可分为两种，一种是"视锥细胞"。视锥细胞能够使眼睛在光线之下看清物体，并且能够感知光线波长的不同，使眼睛看到颜色。视锥细胞可以捕捉到三种波长：短波长（蓝色和紫色）、中波长（绿色）、长波长（红色），通过区分波长来识别不同的颜色。

　　但是，如果一个人的眼部缺少感知红光的视锥细胞或者本应感知长波长的细胞错误地捕捉了中波长，那这个人就无法分辨红色和绿色，也就是红绿色盲症。红绿色盲是一种先天性遗传疾病，在日本，此类患者在男性中约占6.8%，在女性中约占0.5%。

　　另外一种视细胞是"视杆细胞"。视杆细胞对光线非常敏感，即使在光线极其微弱的情况下也能感知光线。一个眼球中约有六千万个视杆细胞，是视锥细胞数量的十倍，但它无法像视锥细胞那样辨别物体的颜色。

眼球的构造

视网膜放大图

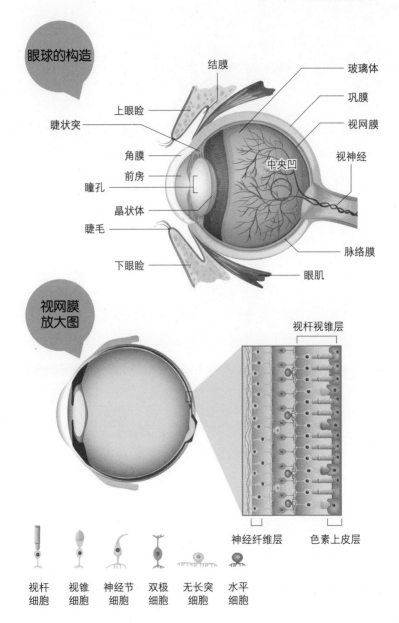

结膜
上眼睑
睫状突
角膜
前房
瞳孔
晶状体
睫毛
下眼睑

玻璃体
巩膜
视网膜
视神经
中央凹
脉络膜
眼肌

视杆视锥层
神经纤维层
色素上皮层

视杆细胞　视锥细胞　神经节细胞　双极细胞　无长突细胞　水平细胞

人类曾有三只眼的证据：松果体

哺乳类、鸟类和大部分脊椎动物都有一左一右两只眼睛，有三只眼睛的恐怕只会让大家联想到妖怪。

但事实上，我们的祖先确实曾经有三只眼睛，存在于我们大脑中的松果体就是证据。松果体是一个位于大脑中央的小腺体，因其形似松果而得名。该腺体分泌的一种被称作"美洛托宁"的激素（褪黑素）可以促进睡眠，并与白天分泌的血清素一起调节人们的生活作息，称得上是"体内时钟"。

松果体就是曾经的第三只眼睛。当人类受精卵发育至第四周时，神经管会形成三个突起。这三个突起都是感知光线的器官，但最后，只有左右两边的发育成了眼睛。中间的突起则因庞大脑组织的遮挡，无法继续发育成眼睛而变成了松果体。

不过也有例外，鬣鳞蜥和新西兰楔齿蜥就保留了第三只眼。它生长在这些动物的额头上，被叫作"颅顶眼"。在恐龙还未出现的古生代，当我们的祖先还是两栖类的时候，它们就曾在水中用这第三只眼睛认真监视天敌和追踪猎物了吧。

人类的第三只眼虽然已经不具备眼睛的功能，但它仍作为感光器官的残痕保留了下来。

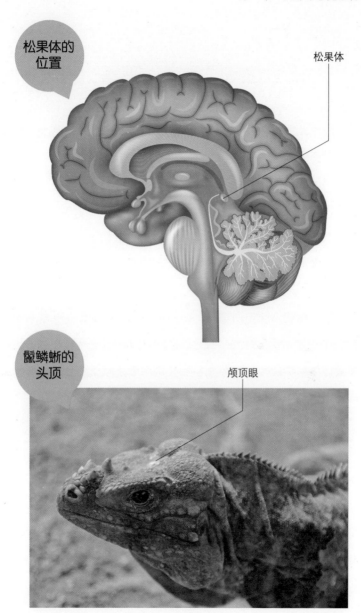

松果体的位置

松果体

鬣鳞蜥的头顶

颅顶眼

退化的第三眼睑
残留在结膜的半月皱襞的痕迹

瞬膜存在于爬行动物、鸟类和少数哺乳动物身上，人类是没有瞬膜的。瞬膜被称作继上眼睑和下眼睑后的第三眼睑，有保护角膜的作用。瞬膜自身不被意识所支配，无法自由活动，它是一个当眼球向内收缩时会瞬间关闭的膜组织。瞬膜存在于眼睑内侧，配合眼睑的上下活动，向上或斜向移动并给眼球补充水分。

通常瞬膜为半透明膜，可以防止异物侵入眼睛。如鸟类在空中滑翔时，就会闭合瞬膜来防止异物进入或眼球干涩；而海狸的瞬膜是一层透明膜，即使闭合瞬膜也可以在水中清晰地看到猎物；骆驼可以凭借瞬膜来防止沙子伤害眼睛；鲨鱼会在袭击猎物的瞬间将瞬膜闭合，以防止猎物伤害眼睛；北极熊会借助瞬膜来柔化雪地反射的太阳光；猛禽在给雏鸟喂食时会闭合瞬膜以防眼睛被雏鸟啄伤。

不过，大部分哺乳类动物的瞬膜已经退化。尤其是人类，只在泪腺旁边留下了一点点痕迹，这个残痕被称作半月皱襞。由于大脑逐渐变大，导致人类眼球无法向内收缩，一般学说认为，人类瞬膜退化的原因正在于此。

瞬膜

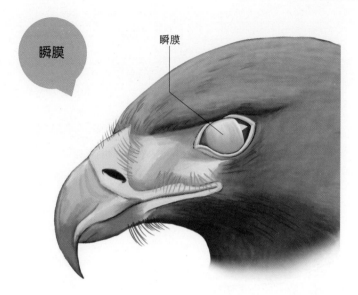

瞬膜

（图／阿久津裕彦）

半月皱襞

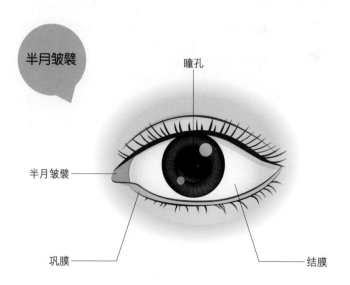

瞳孔

半月皱襞

巩膜

结膜

脂肪部分的防抖缓冲作用

人类眼球的四周，包裹着柔软的脂肪，正是由于这部分脂肪，我们的眼球才能够自由活动。假如眼球不能自由活动，当我们摇头的时候两只眼球就会跟着一起摇晃，那样岂不是会像喝醉了酒一样头晕恶心吗？在这种状态下我们根本无法正常地生活。

人类通过内耳的半规管来调节身体平衡，通过眼外肌牵动眼球活动，进而实现了视线的自由移动，就算身体左右摇晃也能保持视线的平稳。在人体内发挥着几乎和相机的防抖装置同样功能的，正是眼球周围的脂肪。

但是，并不是所有的动物都能像人类一样利用脂肪来防止眼球抖动，比如老鼠和兔子用的就是血液。

这些动物的瞬膜附近，依然保留着"哈氏腺"这种已经从人体退化消失了的器官。哈氏腺分泌的油脂可以使面部皮肤保持湿润，不受外界细菌侵害，同时这些油脂还是一种信息素。强壮的雄兔的哈氏腺就非常发达。

哈氏腺位于这些动物的眼球后方，眼球四周则由血液来填充。

有哈氏腺的
哺乳动物

大白鼠

兔子

哈氏腺与眼球血管

哈氏腺的袋子就像一个牙膏管，里面存积着油性分泌物，当有需要时，袋壁的肌肉细胞会收缩，将袋中的油脂排出。在眼球的周围还有一个巨大的静脉袋，袋中有充足的血液。也就是说，这些动物的眼球和哈氏腺是完全浸泡在血液中的。有学者认为，这些血液在哈氏腺分泌油脂时，有辅助腺体收缩的作用；当腺体准备收缩时，眼周的血液会增多。

所以我们推测，老鼠和兔子眼球周围的血海，是否和人类眼周的脂肪一样具有防止眼球抖动的功能。这些动物的眼下有非常发达的哈氏腺，它们的眼球则被血液所包裹，而这些血液与人类眼球周围的脂肪作用相当，同样可防止眼球抖动。

哈氏腺已经完全从现代人的身体中退化消失了，但大多数哺乳动物体内仍保留有它退化后的痕迹。人类眼球周围的脂肪可以防止眼球抖动，而老鼠和兔子却选择了用血液来发挥这个作用。

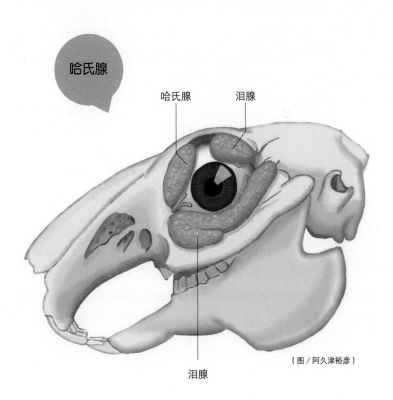

哈氏腺

哈氏腺　　　泪腺

泪腺

（图／阿久津裕彦）

听觉的产生与平衡感密不可分

耳朵由各种各样的骨头拼凑而成

人类的听觉和平衡感是通过耳朵来实现的。人们能够通过耳朵感知到声音的存在，但是平衡感几乎是无人可以察觉的。无论是脊椎动物还是无脊椎动物，在拥有听觉之前就先完成了平衡感的进化。地球上任何生物，即使听不到声音，基本上也能生存；但若无法把握重力给自身带来的影响，就很难存活在地球上。

听觉相对来说是一个较晚出现的功能，所以听觉器官也是由人类的祖先在进化过程中准备丢掉的东西一点点拼凑形成的。接下来我们就对此进行详细的解说。

人类的耳朵大致可以分为外耳、中耳、内耳三个部分。外耳是指从耳廓（耳朵暴露在外面的部分）经过外耳道，一直到达鼓膜的部分；中耳是鼓膜以里的部分，包括由空气填充的鼓室和锤骨、砧骨、镫骨三个听小骨。其中，鼓室通过咽鼓管与咽喉直接相连；内耳由控制平衡感的三个半规管和负责确认声音的耳蜗组成。

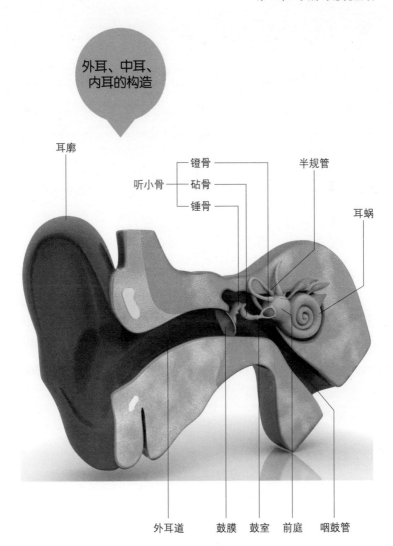

外耳、中耳、内耳的构造

耳廓

听小骨
镫骨
砧骨
锤骨

半规管

耳蜗

外耳道　鼓膜　鼓室　前庭　咽鼓管

听小骨由鱼类的颌骨演变而来

中耳的三个听小骨因形似锤子、石砧、脚镫而分别以各自的形状被命名。听小骨可以使鼓膜的振动范围延伸，是一个可以让声波更好传导的器官。三个听小骨中，有两个是由鱼类的颌骨进化而来的，也就是说它们曾经是鱼类下巴的一部分。

两栖类、爬行类、鱼类等动物只有一个镫骨，没有另外两个。通过观察人类的胚胎我们发现，当受精卵发育至第四周时，颌骨已然成形，颌骨的左右两侧各有一根麦柯尔软骨，这里其实就是鱼类下颚的残痕。麦柯尔软骨的根部最终会发育为锤骨，其余的部分则会随着胚胎的发育而逐渐消失。

另外，锤骨上方的砧骨是由鱼类的上颚退化（或者进化）而来的。

中耳由鱼鳃进化而成

实际上，听小骨所在的中耳部分是由鱼的鳃部进化而来的。鱼鳃是鱼类的呼吸器官，水从口进入后，再经两侧的鳃孔流出，通过水流来完成氧气的吸入和二氧化碳的排出。

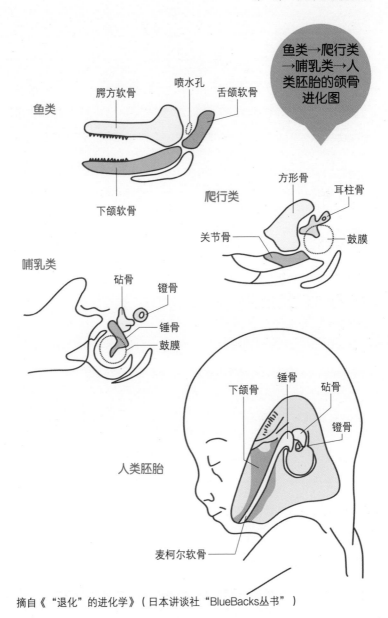

鱼类→爬行类→哺乳类→人类胚胎的颌骨进化图

鱼类
腭方软骨
喷水孔
舌颌软骨
下颌软骨

爬行类
方形骨
耳柱骨
关节骨
鼓膜

哺乳类
砧骨
镫骨
锤骨
鼓膜

人类胚胎
下颌骨
锤骨
砧骨
镫骨
麦柯尔软骨

摘自《"退化"的进化学》（日本讲谈社"BlueBacks丛书"）

中耳是由最前方（靠近嘴边）的一个鳃孔进化而来的。陆生脊椎动物虽然退化掉了鳃，但却保留了最靠近嘴边的鳃孔。被保留下来的左右两个鳃孔进一步进化，变成了鼓膜，鼓膜与口腔和咽喉之间的空室变成了鼓室和咽鼓管。中耳同样也是废弃鳃孔的再造器官。

另外，与咽喉相通的咽鼓管平时是关闭的，但当外界气压发生变化时，它就会打开以调节鼓膜两侧压力使其平衡。当乘坐飞机上升或下降时，有很多人会有耳朵被堵住的感觉，这其实是咽鼓管调压功能异常的一种表现。

半规管处的鱼类遗痕

半规管是内耳的组成部分，是掌管平衡感的器官，由上、后和外三个相互垂直的半圆形管组成。

管道内充满淋巴液，当身体旋转时，管内的淋巴液也会一同旋转，这些动作最终会传达给位于半规管根部的毛细胞。毛细胞兴奋后所产生的冲动会传给大脑，通过大脑的平衡中枢激发相应的反射动作，使身体维持平衡。半规管一端稍膨大处有位觉感受器（称为壶腹），在头部旋转时，淋巴液的晃动引起终帽（内包含纤毛细长的毛细胞）的变形，间接地刺激了毛细胞，以此来使人感知旋转。

有学者认为，半规管内的毛细胞是由鱼类侧线管内的毛细胞进化而成的。侧线管是鱼类感知水流的器官，其起点在鱼眼上方，尾端直达鱼尾，呈虚线状。

但实际上组成这条"虚线"的点，并不单纯只是一个黑点，而是鱼鳞下面的一个个小开孔。这些小孔可以让水进入鳞片，使鳞片下的感觉顶产生摇动，最终通过毛细胞来感知水的流向。

对于鱼类来说，时刻把握水流的动态是十分重要的，即使听不到声音、闻不到气味、看不见东西，鱼类仅凭水流的状态就可以判断周围是否有敌人。

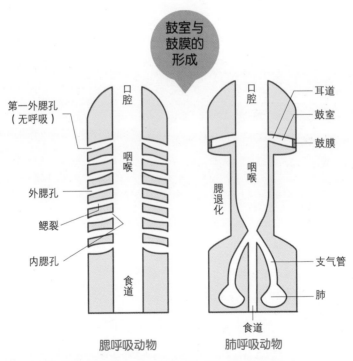

摘自《图解感觉器官的进化》（日本讲谈社"BlueBacks丛书"）

位觉斑处的无脊椎动物遗痕

在内耳中，与半规管相连的还有球囊和椭圆囊，球囊和椭圆囊内有长有毛细胞的斑块状位觉感受器，这种感受器被称作位觉斑。位觉斑的毛细胞外侧覆盖有耳石膜，当头部倾斜时，耳石膜随之移动进而刺激毛细胞产生反应。球囊斑与椭圆囊斑互成直角，可以应对头部横竖两个方向的移动。

位觉斑上的耳石是由碳酸钙和蛋白质组成的结晶体，是一种可以让动物保持平衡感的重要物质，例如小龙虾在脱皮以后，会自己从外界抓取新的沙石放入平衡囊内，以维持平衡。

假如把小龙虾放在没有沙子的水槽内饲养，它会渐渐失去平衡，活动起来左摇右摆。

实际上，大多数的无脊椎动物都和小龙虾一样，靠平衡囊来管理平衡感觉，平衡囊内包裹着平衡石。当身体活动时，平衡石跟着转动，引起感觉毛细胞产生神经冲动，最终使身体达到平衡。

虽然无脊椎动物没有耳朵，但人耳位觉斑中的耳石却是由无脊椎动物的平衡石演变而来的。不管是脊椎动物还是无脊椎动物，只要生活在被重力所牵引的地球上，那么无论历经多么漫长的岁月，平衡感永远不可或缺。

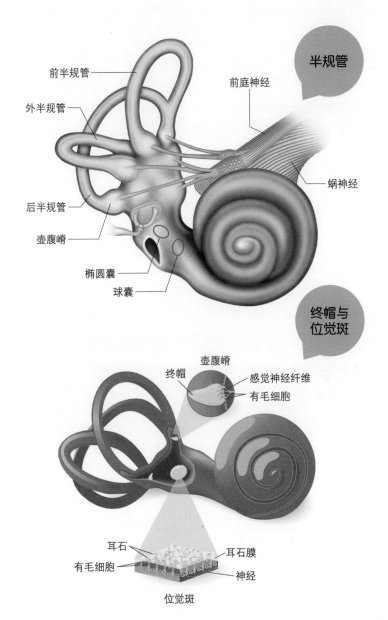

半规管

前半规管

前庭神经

外半规管

蜗神经

后半规管

壶腹嵴

椭圆囊

球囊

终帽与位觉斑

壶腹嵴

终帽

感觉神经纤维

有毛细胞

耳石

耳石膜

有毛细胞

神经

位觉斑

耳部肌肉
人类的耳朵为什么不能自由活动

大家都知道，猫的耳朵很灵活，当发现感兴趣的事物时，它们会立刻竖起耳朵朝着那个东西走去。另外，活动耳朵往往也是猫表达情感的一种方式，比如当被激怒或受到惊吓时，它们就会把耳朵奋拉下来并用力往两边收缩。很多动物都会有类似的行为。

但是人类的耳朵无法像猫那样自由活动。虽然有极少部分人能够靠自己的意志控制耳朵轻微活动。

人类的耳朵肌肉被称作动耳肌，如字面意思所示，它是一种可以控制耳朵活动的肌肉，大体上可以分为耳廓外肌和耳廓内肌两部分，然而人类的这部分肌肉已然退化，现已丧失原有的功能。与猫狗等动物相比，人类拥有更发达的视觉，但听觉和嗅觉却很差，因此人类的耳朵也相对较小，耳朵的功能也退化了很多。

但是，如果好好训练的话，好像人类的耳朵也是能够稍稍活动的。曾经有实验表明，耳朵后面的耳后肌在受到声音的刺激后，会发生条件反射性紧缩，引起耳朵轻微抽动，但由于幅度极其微小，所以看起来似乎没动。但是，如果对这条反射弧加强训练的话，人类说不定也能自由活动自己的耳朵。

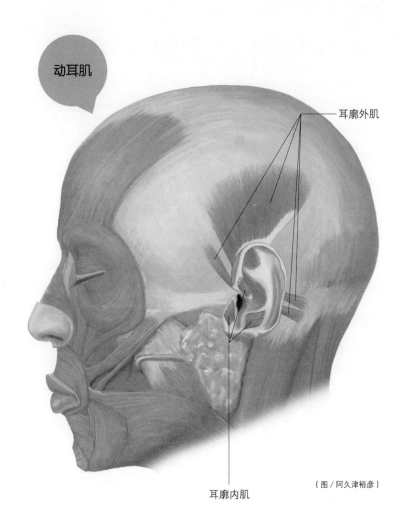

动耳肌

耳廓外肌

耳廓内肌

（图／阿久津裕彦）

不为人知的功能
上颚加速了人类进化

上颚位于鼻腔以下、口腔以上，是哺乳动物用来分隔鼻腔和口腔的组织，目前哺乳动物的口鼻只在鼻后孔处相通。正是这种构造，加快了人类进化的步伐。

首先，上颚使我们可以咀嚼食物。两栖类动物基本上没有上颚，只在口中有一部分类似于上颚的凸起；蛇类虽然有上颚，但由于它们的上颚太小，导致鼻腔和口腔之间的空隙过大，所以如果它们也和哺乳动物一样，把食物咬碎再吃的话，食物碎屑就很容易进入鼻腔，阻碍呼吸，所以蛇都是把猎物整个吞进肚子，而不进行咀嚼。

上颚最大的作用就是让哺乳动物能够喝母乳。有了上颚的阻挡，婴儿在吃母乳的同时能够用鼻子呼吸，而不会把乳汁灌进鼻腔。

上颚还可以辅助发声，让我们能够说出复杂的语言。如果没有上颚，声音就容易通过鼻子漏出，那样我们就无法发出各种复杂的发音。由于没有上颚，爬行动物也无法像哺乳动物那样发出叫声。

伟大的上颚使得哺乳动物能够喝母乳，也成就了能够用声音和语言来表达自己的人类。

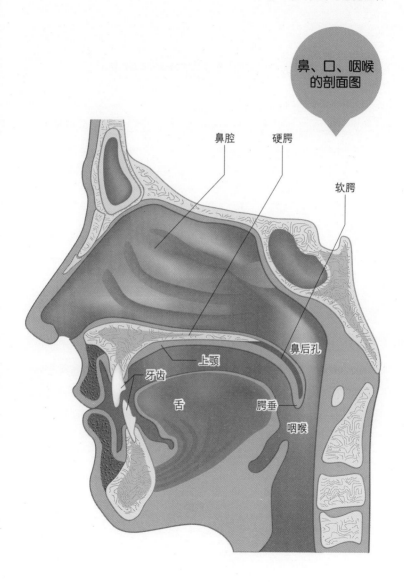

鼻、口、咽喉
的剖面图

鼻腔

硬腭

软腭

鼻后孔

上颚

牙齿

舌

腭垂

咽喉

智齿
人类真的有三十二颗牙吗

我们经常说人类有三十二颗牙齿，成年人的恒牙可分为四个区，每个区由两颗切牙、一颗尖牙、两颗前磨牙和三颗磨牙合计八颗牙构成，四个区上下左右对称，因此，人类共有三十二颗牙。但是，幼儿的乳牙里没有磨牙，所以人在乳牙期只有二十颗牙。每个区的磨牙一共有三颗，但是每一颗长出来的时间是不同的，第一颗长出于六岁时，第二颗在十二岁，第三颗比较晚且没有太准确的时间。第三磨牙长出时，人的心智已经比较成熟，能离开父母独立生活，故又被称作智齿或立事牙。

当今时代，有很多人一生都不会长智齿，但在旧石器时代，80%的人都会长齐四颗智齿；公元300年左右这个比例下降到60%；至现在，一生长四颗智齿和只长三颗、两颗、一颗，甚至一颗都不长的人口占比已经没有太大差别。

旧石器时代至今的一万多年里，人类的面容已经发生了巨大的变化。未来，渐渐无法咀嚼坚硬物体的牙齿会越来越退化。

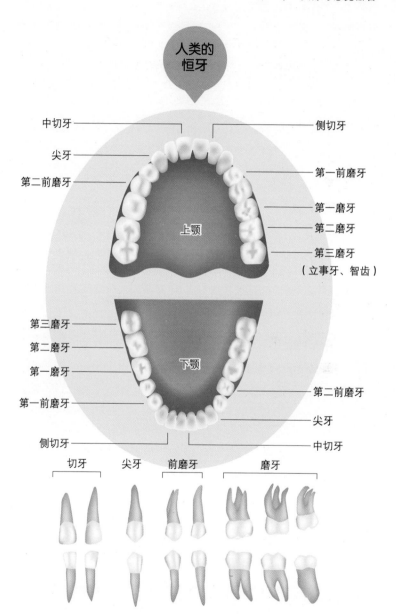

人类的
恒牙

中切牙 —————— 侧切牙

尖牙 —————— 第一前磨牙

第二前磨牙

上颚

第一磨牙
第二磨牙
第三磨牙
（立事牙、智齿）

第三磨牙 ——————

第二磨牙 ——————

第一磨牙 ——————

下颚

第二前磨牙

第一前磨牙 ——————

尖牙

侧切牙 ——————

中切牙

切牙　　尖牙　　前磨牙　　　磨牙

人类的嗅黏膜比呼吸黏膜小很多

人类感知气味的部位只有鼻腔内最上面的一小部分。而同为哺乳动物的狗、猫、老鼠以及其他脊椎动物，它们的嗅觉感受器要比人类多得多。

气味分子由嗅上皮负责抓取，嗅上皮被一层由鲍曼氏腺（嗅腺）分泌的黏液所覆盖，气味分子先是溶于这层黏液，然后才被嗅细胞顶部的纤毛所抓取。

陆生动物的气味吸入器官与呼吸器官为同一个，器官黏膜在呼吸过程中也起了重要作用，它会吸附空气中的污秽和病菌，然后通过痰液将其排出体外，或运到胃部处理。动物的信息素感知器官——犁鼻器的工作黏膜也分布在鼻腔中。

鼻腔中一共有三种黏膜，分别是嗅黏膜、呼吸黏膜和信息素感知黏膜。根据不同动物能力需求的不同，三种黏膜所占的面积也不同。爬行动物和两栖类动物的嗅黏膜面积较大；而鸟类需要一边飞行一边呼吸，所以相比起来呼吸黏膜所占的面积就更广；人类也同样拥有较为宽广的呼吸黏膜。

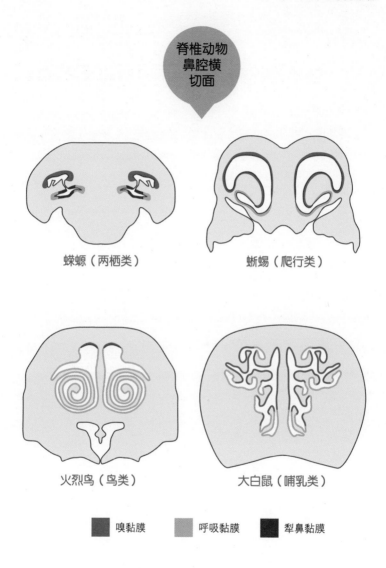

脊椎动物鼻腔横切面

蝾螈（两栖类）

蜥蜴（爬行类）

火烈鸟（鸟类）

大白鼠（哺乳类）

嗅黏膜　　呼吸黏膜　　犁鼻黏膜

摘自《图解感觉器官的进化》（日本讲谈社"BlueBacks丛书"）

犁鼻器
从人体中消失的信息素感知器官

前面我们介绍过，与猫狗相比，人类的嗅觉和听觉明显迟钝，也几乎无法感知信息素。信息素是一种可以促使同物种的其他个体产生某种行动的物质，比如发情、回巢、躲避天敌等行为都与信息素有关。对于某些物种来说，信息素就是它们的通讯工具。

当我们听到"费洛蒙"（信息素的别称）三个字时，最先联想到的可能是对异性的情感冲动，但是人类无论男女，这种冲动往往是来自视觉的，和信息素毫不相干。常有人说"颜值即正义"，这里说的也是"颜值"，而不是"费洛蒙值"什么的。

不过，人类身上还是残留着信息素感知器官，这个器官就是位于鼻腔中间位置的犁鼻器。这个器官广泛存在于昆虫、爬行类和哺乳动物体内，并且在这些动物身上发挥着强大的作用。比如猫和狗有时会有"惊呆"的表情，这其实是它们的犁鼻器在接触到信息素之后所产生的裂唇嗅反应。人类在度过胎儿期后，犁鼻器处的神经就会消失，也不再发挥原有的机能。

犁鼻器

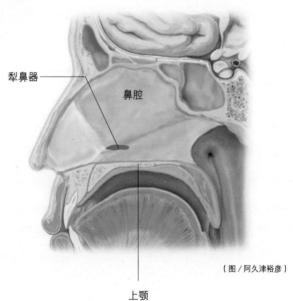

犁鼻器

鼻腔

上颚

（图／阿久津裕彦）

鼻窦的大小因人而异

每个人的面部骨骼内都有空腔，这些空腔与鼻腔相连，被命名为"鼻窦"。鼻窦由额窦、蝶窦、筛窦、上颌窦四部分组成，它们分别位于额骨内、鼻腔后方以及两颊内。鼻窦的大小及形状因人而异。

那么为什么每个人鼻窦的形状都不一样呢？在我们的头部，分布着脑、眼、鼻子、耳朵、嘴等各类器官，这些器官形状不一，它们以各自的方式占领着相应的空间或领域，凸显着自己的存在感，每个人五官的形状也因此各不相同。那么，鼻窦是否就是为了让这些器官能够更加自由地生长而存在的呢？

鼻窦的形状还会影响一个人的声音，所以有学者认为鼻窦对发音起共鸣作用。经常会有人因感冒而患上鼻窦炎，因此还有人认为鼻窦是为了让医生有工作而存在的，当然这种说法略显荒谬。虽然众说纷纭，但鼻窦存在的真正原因至今也没有被完全证实。

一些人的鼻窦空间异常宽大，这种症状被称作肢端肥大症，主要是由于生长激素分泌过多，导致骨骼发育过剩引起的。"巨人马场"（日本知名职业摔角手）就是这种疾病的典型例子，他的鼻窦就非常大，从而造成脸也很大。

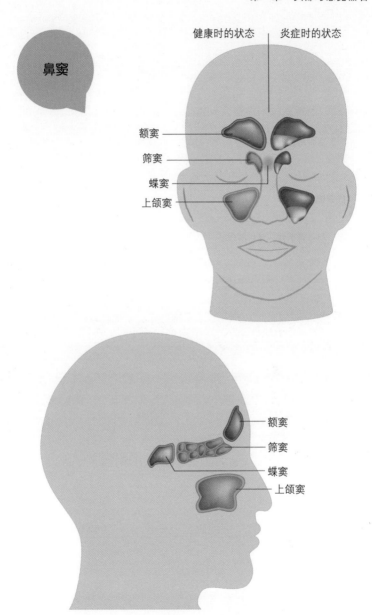

鼻窦

健康时的状态 炎症时的状态

额窦
筛窦
蝶窦
上颌窦

额窦
筛窦
蝶窦
上颌窦

鼻窦为何要与鼻腔相连呢？这其实是一种防御机制。鼻腔内的黏膜避免了鼻窦与外界的直接接触，因此也就降低了鼻窦被病毒和细菌感染的概率。从这个角度来看，"鼻窦是为了给医生提供工作而存在"的说法就不攻自破了吧。

第二章

骨骼与肌肉

四足动物没有锁骨

人类通过进化，实现了直立行走，上肢与手更加灵活，并且可以制造和使用工具。有学者认为，正是这种肢体上的进化，加速了脑的进化，进一步催生了人类文明。

同时，双腿直立行走还使人类的锁骨发达起来。锁骨让人类的胳膊更加自由地活动，它是一根连接胸骨与肩胛骨的细长骨，也是上肢与中轴骨骼相联结的唯一桥梁。但是，在猫、狗、牛、马等四足行走的哺乳动物身上，锁骨或完全退化，或只留下了一些残余的痕迹。

人类用下肢支撑身体，而四足哺乳动物则用前后肢共四条腿来支撑身体。四足动物行走时只要保证四条腿前后活动自如，就能顺畅地奔走，所以锁骨对它们来说并无大用。

狗的肩胛骨横于躯干前侧，下方与前肢相连，肘关节向后突出，肩胛骨的运动力量来自于其周围的肌肉。狗在行走和奔跑时，肩胛骨会随着前肢的动作前后剧烈活动，从而带动前肢进一步运动。

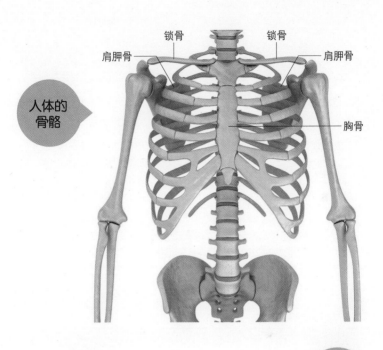

锁骨　　锁骨
肩胛骨　　肩胛骨
人体的骨骼
胸骨

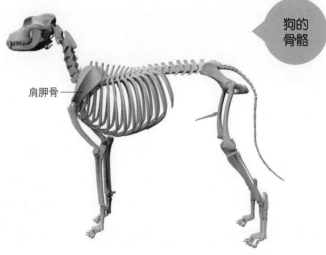

狗的骨骼
肩胛骨

这个时候，如果有锁骨的话，反而会妨碍肩胛骨的运动。

但是鸟类和爬行动物都是有锁骨的，因此我们猜想，四足动物在进化初期也曾有锁骨。在灵长类动物借助锁骨的力量爬上树木的同时，狗、马等四足动物的祖先正在草原上驰骋，在此过程中锁骨渐渐退化掉了。

锁骨使得灵长类动物能够自由地举放自己的上肢，还能做出拥抱的动作——灵长类动物（猴子等）因生活在树上，时常需要紧抱树干、伸手去握树枝等。

灵长类动物的肩胛骨长在背部，通过锁骨与胸骨相连。以锁骨与胸骨连接处的关节为支点，肩胛骨可以上下前后自由活动。肩胛骨又与肱骨相连，再以两骨连接处的关节为支点，进而使肱骨也能上下前后自由活动。

现在，灵长类动物已经借助肘关节和腕关节，掌握了更复杂的上臂及手部动作。

人类的手可以抓握东西

人类的手有五根手指，其中大拇指有两个关节，其余的手指均有三个关节。通过这些关节，人类的手得以自如地伸展或紧握。大多数四足动物都无法像人类一样自由地张合自己的手掌，比如马。

在人类的五指中，拇指和其他四根手指是分开的，它可以更加灵活地与手掌配合完成抓、握等动作。在这一点上，四足动物与人类大不相同。比如猫，它们虽然有拇指，但无法用拇指和手掌一起做出抓握动作。

　　灵长类动物通过锁骨的进化，解放了上肢，使上肢可以更加灵活地活动。同时，手部继续进化，变得能够抓握物体。正是因为这样，人类才慢慢制造出了各种结构复杂的工具。

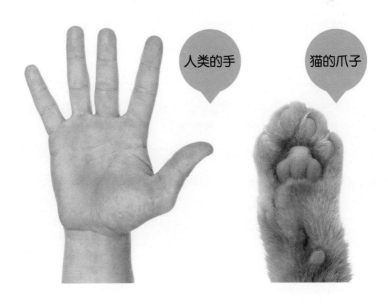

人类的手

猫的爪子

颈肋
给人类带来病痛的祖先遗产

在人类骨骼中，背部的脊柱与头盖骨共同组成了体干。脊柱通过最上方的颈椎（脖子）与头盖骨相连。颈椎共有七块，最下面的第七颈椎与胸椎相连。

正常情况下，人类的肋骨全部都是从胸椎上生发出来的，但有些人的第七颈椎也会长出肋骨，这种肋骨被称作颈肋，是一种先天性畸形病症。但是，现生的鱼类和爬行动物身上仍然长有颈肋。颈肋可以看作是人类在鱼类进化时期留下的痕迹。

颈肋的发生概率很低，大多数人是没有的，只有极少数骨骼异常发达的人才会有。大多数颈肋没有临床症状，只要不造成身体畸形，一般就不会产生疼痛，也不会给日常生活造成影响。但如果颈肋过度发育，接触到第一肋骨或生长至胸骨，则会造成周围神经受压，引起组织功能障碍，有时还会造成手尺侧或小指的刺痛、麻痹。

当颈肋给身体带来以上这些问题时，我们首先可以采用按摩、理疗等矫正治疗；矫正治疗后疼痛仍未减轻者，可以考虑手术切除。

颈肋还真是一个令人头疼的人类祖先遗产呀！

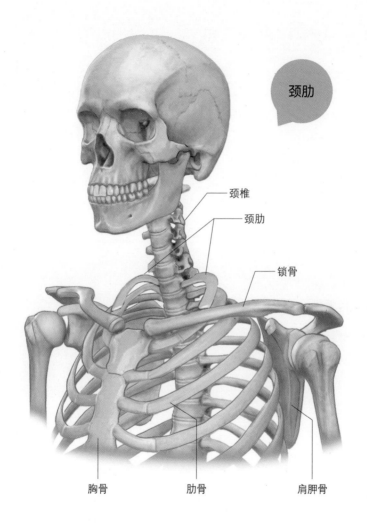

颈肋

颈椎

颈肋

锁骨

胸骨　　肋骨　　肩胛骨

（图／阿久津裕彦）

第十三肋骨
不是每个人都有十二对肋骨

人类的胸部骨骼由三块胸骨、十二节胸椎和十二对肋骨组成。胸椎位于背部，每节左右各生出一条肋骨，前七对肋骨直接与胸骨相连。

最下方的第十二肋骨和它上面的第十一肋骨不与胸骨相连，这四根肋骨从胸椎生发出来，前端呈游离状态。有极少一部分人长有第十三肋骨，有十三对肋骨的日本人占日本总人口数的6.1%。也有人只有十一对肋骨，发生比例约为1.1%。

不过就算同为哺乳动物，每个物种的肋骨数量也不完全相同。常见的像猫、牛、狗等动物有十三对肋骨，猪有十五至十六对，而兔子则有十二对。猫的十三对肋骨当中，有四对前端游离，这样能保证猫身体的柔软性。相比于其他动物，兔子的肋骨（和胸椎）数量是偏少的，这种骨骼构造可以使兔子的腹部空间更加宽敞，从而拥有更为发达的肠道，使它们更加适合食草。另外，第十三肋骨与颈肋不同，它不会给人带来病痛，所以也很少有人特意研究它。第十三肋骨是否包含着人类未知的秘密呢？

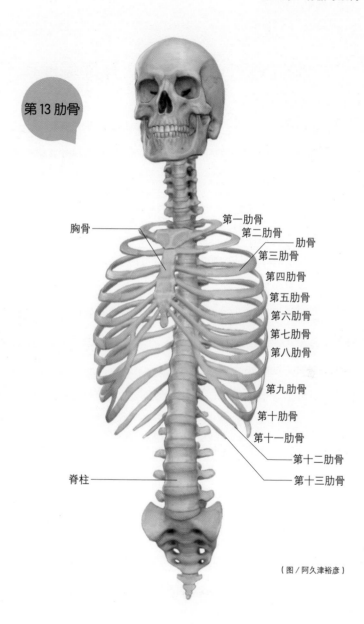

第 13 肋骨

胸骨

第一肋骨
第二肋骨
肋骨
第三肋骨
第四肋骨
第五肋骨
第六肋骨
第七肋骨
第八肋骨
第九肋骨
第十肋骨
第十一肋骨
第十二肋骨
第十三肋骨

脊柱

（图／阿久津裕彦）

掌长肌
除了能让手部紧绷之外别无他用

大约400万年前，人类的祖先还在树上生活的时候，经常需要悬挂在树枝上或攀爬树木。但是在现代，我们几乎不再需要做这样的动作。掌长肌就是我们的祖先悬挂在树枝上时所用到的肌肉。但在现代，并不是每个人都有掌长肌，比如日本有5%的人不具有掌长肌，白种人中有20%没有。这可能是由于现代人已经不再需要攀爬树木，所以这部分肌肉也开始慢慢退化了。

对现代人来说，就算没有掌长肌也不会给生活带来任何不便，因为现代人已经有其他肌肉来承担掌长肌的职能了。实际上很多棒球选手在进行"韧带重建手术"时，会将其本人的掌长肌肌腱移植到肘关节处，以此替代撕裂的内侧副韧带，因为即使没有掌长肌，也不会对生活造成影响。

当把手腕向体侧弯屈并用力握拳时，手腕下方正中间会有一条肌腱凸出来，这里就是掌长肌所在的位置。猫在伸爪子的时候也会用到掌长肌，人类可以模仿猫，把手张开，然后稍稍弯曲手指，就像猫在伸爪子一样，让手紧绷起来，这个时候掌长肌就会显现出来。掌长肌目前只有一个功能，那就是当我们用手抓取东西的时候，使手部的掌腱膜紧绷，除此之外别无他用。

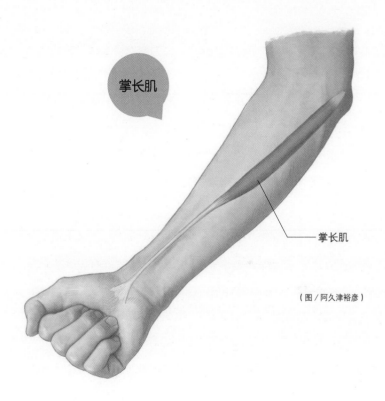

掌长肌

掌长肌

（图／阿久津裕彦）

跖肌
没有任何机能的腿部肌肉

与手腕的掌长肌一样，在腿上也有一块没有任何用处的肌肉，这块肌肉被称作跖肌。

跖肌始于股骨，止于跟腱。跖肌最初可延伸至足底腱膜的位置，后逐渐退化，现在只保留了小腿的部分。

掌长肌至少还能让手掌紧张，而跖肌连这点机能也没有。与脚后跟相连的跟腱已经可以让脚底收缩，所以跖肌完全没有用武之地。

若要找到跖肌存在的意义，恐怕要追溯到人类祖先还是爬行动物的时候。因为所有的哺乳动物都有脚后跟，而爬行动物是没有的。

有四肢的爬行动物，其四肢生长在身体两侧，而四足哺乳动物的四肢则长在身体下方。这种差异其实是由脚后跟造成的。爬行动物在向哺乳动物进化时，为了使膝盖能够收缩回到身体下方，最终使膝盖朝向了前方，脚后跟则是向后凸出的。这种身体构造使四足行走的哺乳动物的弹踢更加有力，奔跑的速度也因此变得更快了。

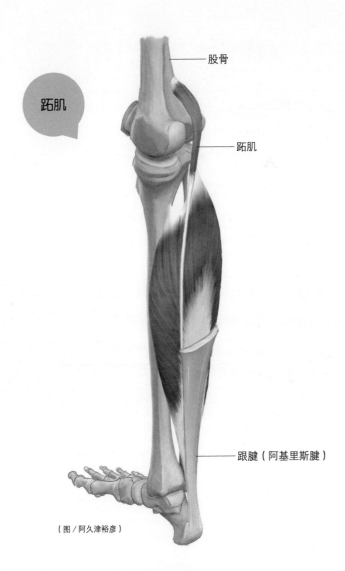

（图／阿久津裕彦）

人类为什么没有尾巴

大家都知道我们人类是没有尾巴的，可是大家想过这是为什么吗？其实这个谜题到现在也还没有被完全解开。虽然很多学者都提出了不同的见解，但每一个都无法成为人类尾巴消失的决定性因素。

鱼的尾巴可以帮助它们游动，尾鳍摆动可以把鱼儿不断向前推进；爬行动物的尾巴则可以充当身体的一个支点，协助后腿前后运动；恐龙的尾巴也有很大用处，因为它们的脖子很长，所以一条长长的尾巴，可以让它们更稳定地保持身体的平衡。

然而，哺乳动物对尾巴的需求好像就没有那么强烈了，它们的腿部运动完全由臀中肌和臀大肌来操控，根本不用尾巴来辅助。但是，哺乳动物的尾巴却没有因此退化，而是通过转变机能保留了下来。

哺乳动物的尾巴在机能转变后，其中一个功能就是可以充当"第五只手"。比如，对于生活在树上的猴子来说，能够代替手脚发挥"手"的作用的就是尾巴。猴子的尾巴还可以在它们用两条腿走路时帮助它们支撑身体；袋鼠亦是通过两条后腿和尾巴保持站立姿势；牛则可以用尾巴来驱赶蚊蝇；猎豹等猫科动物的尾巴，可以在它们爬上树木时充当身体的平衡调节器。而重返大海生活的哺乳动物——鲸，也和鱼类一样借助尾巴摆动的力量推动身体向前游动。

那么人类呢？有人说人类因为需要挺直身体坐立，所以把尾巴退化掉了，可是同样可以坐立的猴类却有尾巴。也有人说人类尾巴的退化是直立行走造成的，但是，不能完全直立行走的猿也是没有尾巴的。生活在树上的猴，尾巴也有长有短，相比较而言，有尾巴的猴比没有尾巴的猿要活泼好动，但没有尾巴的猿里，也有很多活动能力很强的个体。

总之，目前为止，人类没有尾巴的原因还是没有被解释清楚。

［猴子］代替手脚

有尾巴的动物及其尾巴的作用

［牛］驱赶蚊蝇

［袋鼠］直立行走时的支撑

［猎豹］在树上时平衡身体

［鲸］推动身体前进

不论男女，臀部都很大的原因

　　大猩猩的胸部非常健壮发达，屁股却相对很小。人类的屁股却很大，简言之是因为人类需要双腿直立行走。大猩猩是四足行走动物，所以臀部肌肉没有那么发达。

　　人类之所以能够直立行走，主要是来自三组臀部肌肉的支撑。第一组是臀大肌，这是能够维持屁股形状的肌肉，用手一摸就能摸到，在我们跑步或走路时会用到。这部分肌肉还有一个基本功能就是把我们的上半身向后拉扯，使腰部绷直，以保证上半身不会往下倒。人类的身体之所以能够直立，其实是靠臀大肌来实现的。

　　第二组是臀中肌。臀中肌位于屁股的两侧，在我们做侧踢动作时会用到。当身体向两边倾斜时，臀中肌可以起到拉扯身体，使身体恢复平衡的作用。

　　第三组是臀小肌。臀小肌的功能与臀中肌基本相同，它位于臀中肌深部，可以与臀中肌协同完成动作，共同维持人体躯干的稳固与平衡。

　　但是，这些肌肉如果不常用的话也会退化。现在我们每天都久坐于桌前，这些肌肉也随之弱化，最终我们可能也会变得像大猩猩一样。

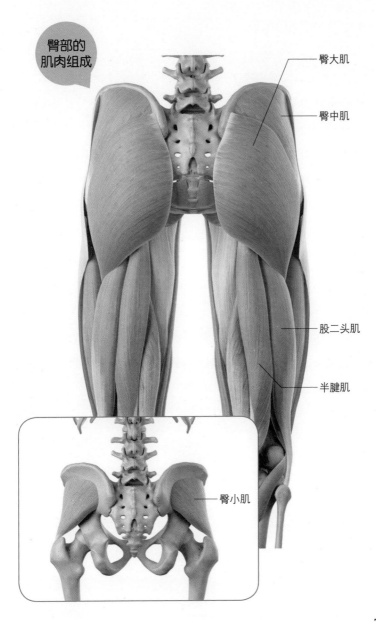

臀部的肌肉组成

臀大肌

臀中肌

股二头肌

半腱肌

臀小肌

人类的骨盆也很大

造成人类屁股大的另一个原因是骨盆。与其他动物不同，人类的骨盆向身体两侧张开，呈盆状。而人类拥有这种独特外形的骨盆，也是缘于直立行走。

很久以前，类人猿在从四足行走变成双腿行走时，骨盆的形状发生了巨大的变化。变成双腿行走后，受重力影响，当上半身直立时，腹腔中的内脏器官会随之下沉。人类的腹腔中没有用来支撑内脏的肌肉，为了防止内脏继续下沉，骨盆就承担了托住内脏的任务。

骨盆向身体两侧张开，可以很好地接住从上面沉下来的内脏。在四足行走动物的腹中，有专门牵引内脏器官以防止其掉落的肌肉，所以它们的骨盆没有张开。

即使骨盆向身体两侧张开，但如果下面没有底，内脏还是会下落，所以骨盆底应该是闭合的，最好整体呈倒三角形。但是有些东西不得不从这里经过，例如尿液和粪便，所以骨盆底部还需要有出口。

女性分娩时，胎儿也会经过骨盆，所以骨盆必须保留这些最基本的通道。

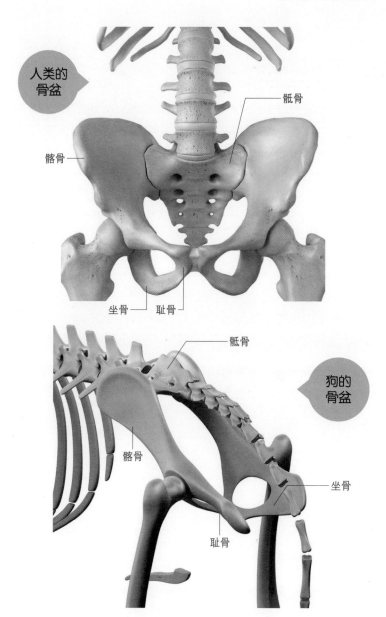

人类的
骨盆

骶骨

髂骨

坐骨　耻骨

骶骨

狗的
骨盆

髂骨

坐骨

耻骨

人类独有的颈椎和腰椎

直立行走改变了人类脊柱的构造

如今，低头族日益增多，不管是在地铁上还是在路上，甚至是吃饭的时候，他们都几乎无时无刻不在盯着手机看。手机确实很便利，但如果使用过度，就会给身体造成负担。长时间低头看手机，会使头部一直固定在一个位置，脖子容易僵住，还会造成颈椎疼痛。其实不仅仅是手机，长时间使用平板电脑、笔记本电脑也会引发这样的症状。

如果肌肉一直处于紧张状态且得不到活动，那么这块肌肉就会在这种状态下渐渐定型，这是因为附着在肌肉外面的筋膜（主要成分是胶原蛋白）会在我们长时间保持同一个姿势时逐渐硬化，最终导致肌肉随之定型。所以我们需要时不时地舒展一下脖颈，让颈部肌肉得到放松。

在人类的脊柱中，有两个部分是可以活动的，一个是颈椎（脖子）部分，另一个是腰椎（腰部）部分。想象一下，如果我们的脖子和腰都不能活动，生活是不是很不方便？

人类的脊柱从上到下可以分为颈椎、胸椎（胸部）、腰椎（腰部）、骶骨（臀部）和尾椎五部分，其中胸椎因与肋骨相连，基本无法活动，骶骨也同样不能活动。

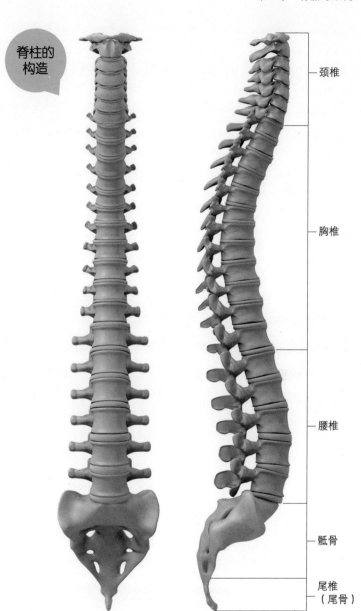

脊柱的构造

颈椎

胸椎

腰椎

骶骨

尾椎
（尾骨）

如果颈椎和腰椎不能活动，那我们就无法"回头"

如果脖子和腰不能动的话，人类就做不了转身回头的动作，原地踏步时转身回头看、睡觉时翻身打滚，甚至是醒来后的起身，这些动作都做不了。

当我们由平躺起身时，首先要扭转腰部，然后带动上身转向一侧，接着借助手臂把身体支撑起来。不知道大家有没有听说过一种名为"强直性脊柱炎"的疾病，得这种病的患者，腰部无法动弹，如果想要起身，需要从天花板上垂下一根绳子，完全凭借臂力将身体拉起，十分辛苦。

人类是在进化的过程中，逐渐获得可以活动的颈椎和腰椎的。其他的脊椎动物虽然也有脊柱，但是鱼类、两栖动物、哺乳动物的脊柱与人类完全不同。

比如鱼类，它们的脊柱从头部开始一直延伸到尾部，由完全相同的骨头连接而成，不像人类那样会分成几个部分。进化成两栖类以后，原先的背鳍渐渐变成了后肢。两栖动物的后肢从脊柱生出，生发出后肢的脊椎叫骶椎，组成骶椎的每一块脊柱骨叫骶骨。

进化到爬行动物时期，颈椎首次出现。原本位于头部之后的脊柱，其两侧的肋骨逐渐消失，剩余的椎骨部分变成了颈椎。有了颈椎之后，动物的头可以自由活动了。有学者认为，爬行动物的第一颈椎和第二颈椎在这个时候分别变形成了寰椎和枢椎，使头部得以做回转运动。

爬行动物的脊柱从前向后共可分为颈椎、胸椎、骶椎和尾椎四部分，其中尾椎就是指位于尾巴部分的脊柱。

从哺乳动物开始，腰椎出现了

进化到哺乳动物时期，腰椎出现了。与爬行动物不同，哺乳动物改变了四肢的结构，把身体抬离了地面。除颈椎外，哺乳动物的脊柱整体呈轻微凸出状。后来，胸椎之后、骶椎之前的部分脊柱的肋骨消失，这部分脊椎就变成了腰椎。

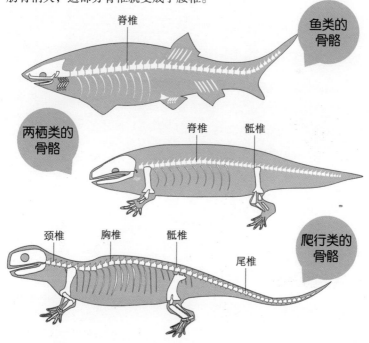

81

接下来，我们来说说人类。相比于其他哺乳动物，人类最明显的特质就是双腿直立行走，这直接影响了颈椎和腰椎的曲度。尤其是腰椎，它在四足行走的动物身上是不弯曲的。

前面提到了四足行走哺乳动物的脊柱整体呈轻微凸出状，人类也和哺乳动物一样拥有颈椎，但人类的颈椎轻微前凸（四足动物向下凸），胸椎向后凸，腰椎也微微前凸。如果只看胸椎和腰椎，可以看出两个部分正好呈S形。正是由于这个S形构造，人类才得以直立起上身，昂首挺胸正视前方。如果人类的腰椎也和哺乳动物一样后凸的话，那么我们也会上半身朝下，无法站立。实际上，婴儿刚出生的时候腰椎还没有生长成前凸状态，所以新生儿的外形与四足行走动物十分相似，渐渐学会走路以后，胸椎与腰椎才发展成了S形。

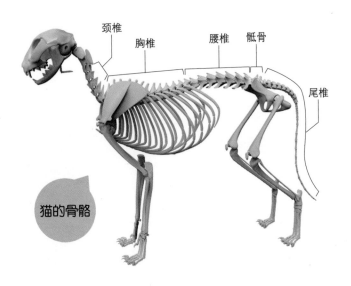

颈椎　胸椎　腰椎　骶骨　尾椎

猫的骨骼

直立行走给人类带来的困扰

随着上半身的直立，头和胸部的重量全都落在了腰椎上。而腰椎为了能自由活动，已将两侧的肋骨退化，不像胸椎在胸骨和肋骨的支撑下那样坚固，所以对于脆弱的腰椎来说，头和胸部的重量是一个非常大的负担。

大家应该都听说过"椎间盘突出"这种病，所谓椎间盘，是指脊柱中两个椎体之间起缓冲作用的结构。

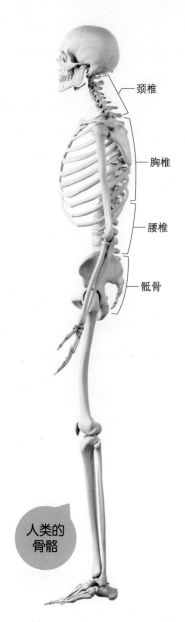

颈椎

胸椎

腰椎

骶骨

人类的
骨骼

当椎间盘发生退行性改变后，椎间盘的纤维环破裂，髓核组织从破裂之处突出，导致相邻脊神经根遭受压迫，从而引起疼痛或麻木。

椎间盘突出多发于颈部和腰部。不仅如此，随着年龄的增长，脊柱本身也会发生变形，原来前凸的腰椎会变成四足行走的哺乳动物腰椎那样的后凸状，也就是腰会变弯、直不起来。

人类的颈椎和腰椎能够自由活动，特殊的弯曲构造使人类得以直立行走，但与此同时，这种改变也为人类埋下了一颗定时炸弹。所以我们平时一定要多锻炼、多运动，保护好脊柱。

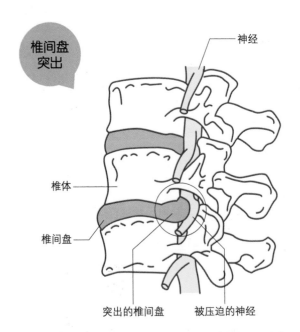

摘自《观人体 谈进化》（*Newton Press*《日本牛顿科学杂志》）

第三章

生殖器官

男性的子宫·女性的输精管

人类一开始同时具有两种生殖器官

"男性也有子宫，女性也有输精管"。

看到这句话，大多数人肯定会觉得难以置信，其实每个人都是如此，但这句话的意思并不是说一个人同时具有两种性别。

众所周知，一个人的性别是由受精卵所携带的基因决定的。但当受精卵发育至第八周时，男性和女性的原始生殖器官都会生长出来。所以不论男性还是女性，身上都有异性生殖器官（子宫、输精管等）的残痕。

受精第八周，刚好是胎儿成形的时期，也是性分化开始的时候。如果受精卵携带的是XY染色体，那么Y染色体上的sry基因会在这时开始发挥作用，促使精巢产生两种内激素——一种是名为睾酮的雄性激素，这种激素会促进男性生殖器官输精管和精巢的发育；另一种是苗勒氏管（稍后会详细解说）抑制物质，这种物质会抑制女性生殖器官子宫和卵巢等的发育。在两种激素的共同作用下，男性生殖器官才能正常发育。

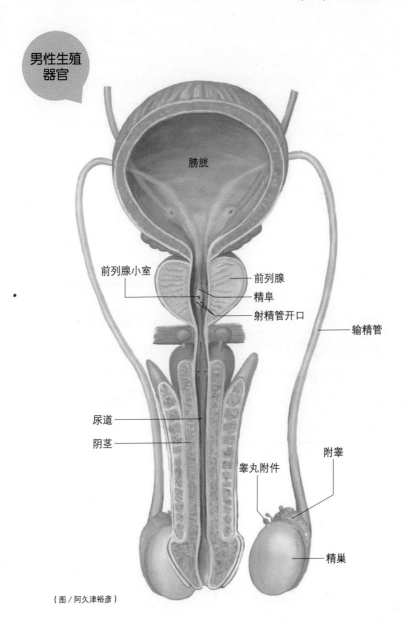

男性生殖
器官

膀胱

前列腺小室

前列腺

精阜

射精管开口

输精管

尿道

阴茎

睾丸附件

附睾

精巢

（图／阿久津裕彦）

最后，在男性的身体中，女性生殖器官只保留了一点点残痕。比如位于精阜中射精管开口上方、形如针孔的残痕，是残留的阴道，虽然被叫作前列腺小室，但实际上并不具备任何机能。另外还有附在精巢外的睾丸附件，这其实是输卵管和子宫的残痕，也没有什么实质性的作用。

输精管的残余被称作加特纳管

与之相对，携带XX染色体的受精卵，从第八周开始会逐渐往女性方向发展。但是XX染色体中，没有像Y染色体上的sry一样可以促进性激素分泌的基因。因为所有受精卵都是在受孕母体内发育，本身周围就充满了雌性激素，所以即便是没有类似于sry那样的特殊基因，女性生殖器官也会正常发育，男性生殖器官则会停止生长。

在女性的身体中，输精管变成加特纳管保留了下来，附睾则变成了卵巢上方的卵巢冠纵管。在前文中提到的苗勒氏管也被称作中肾旁管，它是女性生殖器官的原始器官。而在男性身体中，生殖器官均由吴夫氏管演变而来，吴夫氏管也称中肾管。

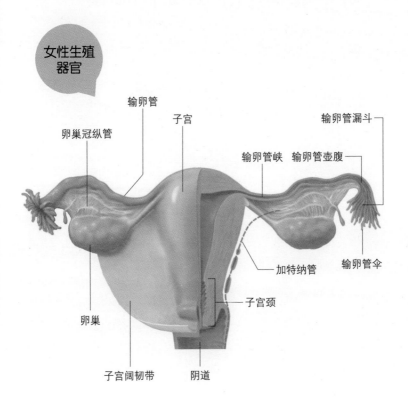

女性生殖
器官

输卵管

子宫

输卵管漏斗

卵巢冠纵管

输卵管峡　输卵管壶腹

加特纳管

输卵管伞

卵巢

子宫颈

子宫阔韧带　　阴道

（图／阿久津裕彦）

卵生动物的必要器官——尿囊

现在的人类都是胎生，受精和胚胎发育均在母体内完成。但是大约6500万年以前，人类的祖先还是卵生动物。当时还是恐龙称霸地球，哺乳动物为了躲避恐龙的攻击，一直都在黑暗中蹑手蹑脚地寻觅着赖以生存的食物。

而事实上，人类祖先曾是卵生动物的证据在现代人的身上仍然没有消失。

在爬行动物和鸟类的卵中有一个叫作尿囊的器官，这个尿囊在人类身上也有一定程度的残留。尿囊是一个供胚胎（幼体）存储尿液的袋状器官。卵中的胚胎可以从蛋黄中吸收养分，可以通过蛋壳来呼吸，但却无法将尿液排到蛋壳外。

胚胎会一直产生尿液，而尿液又无法排出蛋壳外，长此以往整颗卵都会被尿液所充斥。为了避免这种窘境，鸟类幼体只把尿液中的尿酸析出结成结晶排出体外，尿酸结晶会进入尿囊中被包裹起来，以防止尿酸在蛋内扩散。

鸟类不会像哺乳动物那样产生液体的尿，它们的尿都是不含水分的尿酸结晶体，这和鸟类孵化前在蛋壳内的排尿方式是一样的。

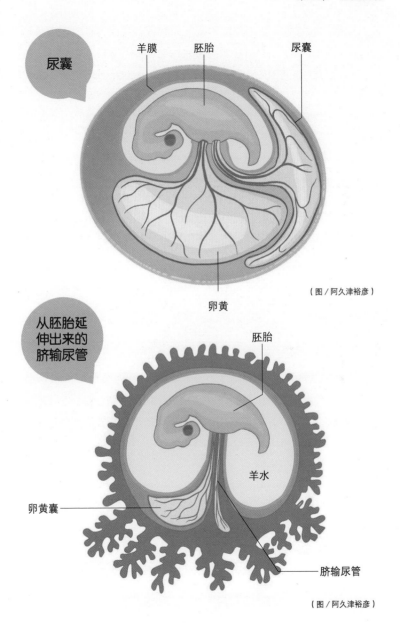

尿囊

羊膜　胚胎　尿囊

卵黄

（图／阿久津裕彦）

从胚胎延伸出来的脐输尿管

胚胎

羊水

卵黄囊

脐输尿管

（图／阿久津裕彦）

接着我们来看一下人类的胎儿。人类的胎儿也会排泄，但排泄方式跟鸟类不一样。人类胎儿的尿与成年人类一样都是液体，但胎儿的尿液不会像成年人的尿液那样混浊。

胎儿通过脐带从母体获取营养，所排泄的尿液会变成羊水包裹着胎儿。

胎儿会在羊水中练习呼吸，以便脱离母体后用肺进行自主呼吸，这也算是对尿液的有效利用了。人类胎儿虽然排尿，但不会排泄其他身体废物，直至出生后的一到两天，才首次将胎粪排出。所以，现在人类的胎儿虽然会在母体内排尿，但并不会像鸟类的幼体那样用尿囊将尿储存在卵中。

脐输尿管处的尿囊残痕

在人类胚胎中，有一根连接胎儿膀胱与脐的管道，被称作脐输尿管。在脐输尿管的前端，依然残留有尿囊的痕迹。不过这里的尿囊已经退化成为脐输尿管的一部分，不再是袋状，也没有任何功能。

成年人类身体正面的腹壁下部，依然存在脐输尿管的痕迹。在胎儿的成长过程中，脐输尿管会自行闭锁，成为脐正中襞上的脐正中韧带，其功能最终也被尿道所取代。

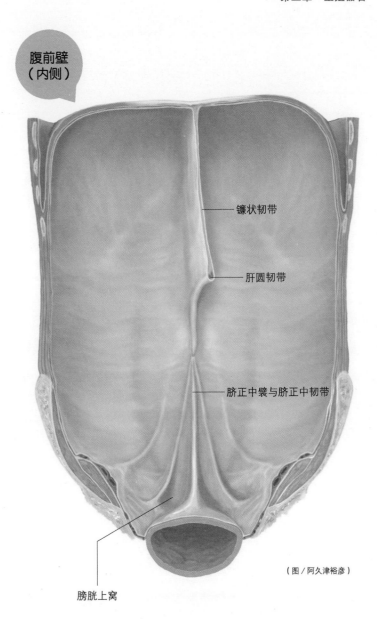

腹前壁
（内侧）

镰状韧带

肝圆韧带

脐正中襞与脐正中韧带

膀胱上窝

（图／阿久津裕彦）

从卵生到胎生

用蛋壳保护胚胎的爬行动物

刚才我们介绍了人类卵生时代的残余，其实动物繁衍后代的方式（生殖方式）可以分为三大类。

以进化的顺序来说，首先是鱼类在水中产卵。雌鱼将卵子产到水中，卵子接触到雄鱼的精子后完成受精。

不只是鱼类，同样在水中产卵的还有两栖类动物。两栖类动物可以爬上陆地，利用四肢活动，但它们的生产和育儿依然在水中进行。虽然水中也会有捕食者，但水可以保护卵不被破坏。所以，两栖类动物还是无法完全离开水。

然而从爬行动物开始，就完全可以在陆地上产卵了，这就是我们要介绍的第二种生殖方式。产在陆地上的卵与产在水中的不同，陆地上的卵有蛋壳包裹。蛋壳中的胚胎被羊膜包裹并浸泡在羊水中，这其实和水中的环境十分相似，同时羊水还有防止胎体干燥的作用。

胎盘的出现使胎生成为可能

陆生的卵已经具有了十分出色的构造，前文中我们提到，蛋壳上面有非常细小的孔供卵内的胚胎呼吸，但其中的羊水却不会漏出来。不仅如此，蛋壳的坚硬程度恰到好处，既可以保证卵内的幼体能够顺利将其戳破，又不会太易碎而对卵中的幼体造成危害。

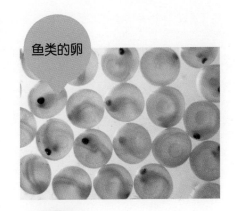

鱼类的卵

两栖动物的卵

爬行动物的卵

但是，由蛋壳包裹的卵的生殖方式也有一定的弊端，那就是无法像产在水里的卵那样，在体外完成受精。

所以，在陆地上产卵的动物，受精都是在产卵之前完成的。为了使卵子能够在体内受精，雌性和雄性分别进化出了交配用的身体构造。

而这种生殖方式不仅限于爬行动物，所有鸟类、部分哺乳动物都是如此。接下来我们来介绍一下第三种生殖方式——胎生。这是一种避开产卵过程，使胎儿直接在母体内发育成熟后再娩出体外的生殖方式。目前大多数哺乳动物都是胎生。胎生哺乳动物又可以分为两种，一种是借助腹部的育儿袋培育胎儿的有袋类，另一种是胎儿的整个发育过程都在体内进行的真兽类。

哺乳动物在体内育儿的时候也面临着许多问题，尤其是如何让胎儿获得氧气和营养。例如爬行动物的幼体可以从蛋黄中汲取养分，透过蛋壳进行呼吸。那胎生动物呢？

为了解决这个问题，胎盘应运而生。哺乳动物子宫中的胎儿通过胎盘和脐带与母体相连，胎盘与脐带连接的位置有一些绒毛，胎儿的血管分布在这些绒毛中。借助这些绒毛，胎儿成功从母体获得了氧气和营养。

就这样，胎盘使哺乳动物的体内育儿成为可能。

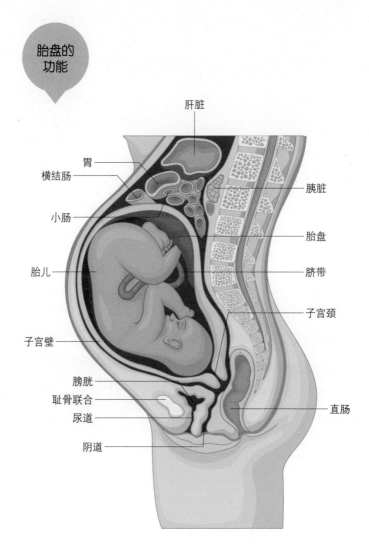

胎盘的功能

肝脏

胃

横结肠

小肠

胎儿

子宫壁

膀胱

耻骨联合

尿道

阴道

胰脏

胎盘

脐带

子宫颈

直肠

男性的输精管线路十分复杂

现在，我们分别来介绍一下男性和女性的生殖器官。首先来说男性。男性的生殖器包括产生精子的精巢及运输精子的管道、分泌精液的腺体和性行为器官阴茎。精巢位于阴囊中，左右各一个；输送精子的管道主要是指从精巢上方的附睾发出的输精管，左右各一条。

输精管向上发出后，在膀胱处经膀胱一侧拐向身体后方，与输尿管一同进入膀胱，后穿过前列腺与尿道相通，线路尤为复杂。精液中主要包含三种成分，一是精囊分泌的精囊黏液，二是前列腺分泌的前列腺液，三是尿道球腺液。

然后是与女性生殖器相接触的阴茎。阴茎的勃起主要依靠阴茎上部的阴茎海绵体和下部的尿道海绵体来实现。在性刺激时，海绵体内的血液增多，引发勃起。

女性的生殖器官大部分都在骨盆内，被前方的膀胱和后方的直肠夹在中间。女性生殖器包括产生卵子的卵巢、运输卵子的输卵管、孕育胎儿的子宫、分泌腺和性行为器官外阴。

男性
生殖器官
剖面图

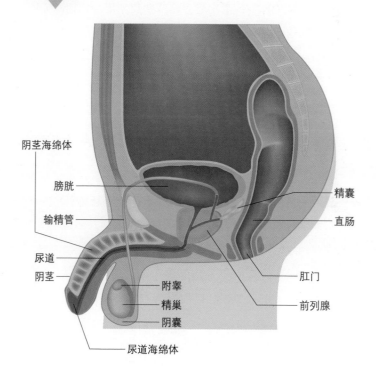

阴茎海绵体

膀胱

输精管

尿道

阴茎

附睾

精巢

阴囊

尿道海绵体

精囊

直肠

肛门

前列腺

卵子与精子在输卵管漏斗处相遇

子宫、卵巢、输卵管均被子宫阔韧带包裹，其中，子宫位于女性生殖器的正中央。子宫两侧是输卵管，每条输卵管下面各有一个卵巢。

卵巢上方，输卵管的尽头处，有一个扇形器官叫作输卵管漏斗，漏斗的一端被输卵管伞所覆盖。输卵管伞有"拾卵"的作用，它会收集卵巢排出的卵，并将其传递至输卵管，经输卵管运送后，卵子最终到达子宫。

输卵管可分为输卵管漏斗、输卵管壶腹、输卵管峡三部分。卵子与精子通常会在输卵管漏斗处相遇，然后在输卵管壶腹嵴完成受精活动。

子宫壁由黏膜、肌层和浆膜三层组成，其中黏膜层被叫作内膜。子宫内膜随着月经周期不断增厚，以此来为受精卵的着床作准备。母体成功妊娠后，子宫肌层会不断膨大，并会在分娩时收缩，将胎儿产出。在子宫的下端，通道突然变细，这里被称作子宫颈，子宫颈向下与阴道相连。阴道通往外界的开口处周围的部分被称作阴道前庭，这里分布着叫作前庭大腺的外分泌腺。前庭大腺所分泌的黏液可以使性行为更加顺畅地进行。

外阴主要由阴蒂、大阴唇、小阴唇、阴道口等部位组成。

女性
生殖器官
剖面图

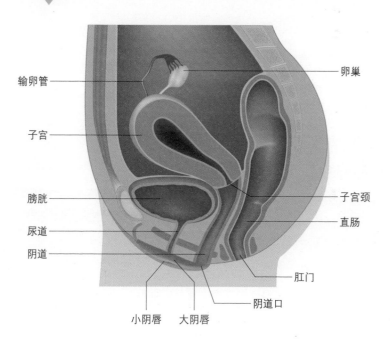

输卵管

卵巢

子宫

膀胱

尿道

子宫颈

直肠

阴道

肛门

小阴唇　大阴唇

阴道口

体形悬殊的幼体

输尿管的位置决定种族的繁荣

过去，澳大利亚的有袋类动物远远多于现在。很久以前，当非洲与澳大利亚的陆地还相连时，有袋类来到澳大利亚大陆并在那里栖息繁衍。有袋类也是哺乳动物的一种，会通过育儿袋来抚育幼崽。人类则属于哺乳动物中的真兽类（胎盘类）。

现存的有袋类动物种类繁多，最具代表性的就是大家所熟知的袋鼠。然而在过去，有袋类动物的品种更加丰富，比如有袋的猫、狗、狮子等，1936年9月灭绝的塔斯马尼亚虎（袋狼）也是其中一种。

但是，为什么这么多有袋类动物最后都灭绝了呢？这主要是由于有袋类遇到真兽类动物后，在与后者的生存竞争中失败了。为什么有袋类动物会失败呢？这里我们来分析一种假说。

袋鼠等有袋类动物的幼崽非常小，幼崽出生后会转移到育儿袋中继续发育，直至可以到外界生存。而真兽类的幼体相比之下则大得多，比如人类，胎儿在母体内成长至足够大之后才会被分娩出。所以我们可以这样认为：幼体大小的不同是造成真兽类繁盛而有袋类大批灭绝的根本原因。

袋鼠的幼崽

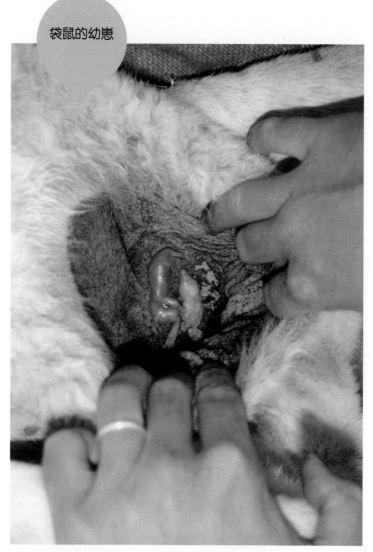

红袋鼠的幼崽只有手指般大（图片来源：日本Aflo图片网）。

脑部发育还没有完成就被产出的幼崽

刚出生的有袋类动物幼崽只有人类的手指大小，被产出后的幼崽，需要从母体的阴道口自行攀爬至育儿袋中。如果幼崽的上肢不够强壮，是无法到达育儿袋的。攀爬动作还需要脑的指令，所以即便是出生时只有手指般大小的幼体，也必须具备相对成熟的脑，以完成向育儿袋的过渡。有袋类动物的幼崽在出生时，脑部的发育是不完全的。

而真兽类的胎儿会在母体内将脑部发育至足够大，就这一点来比较，有袋类可以说是惨败。并且体形小的幼体会比体形大的幼体面临更多危险，所以相比之下，体形小的幼体更不利于存活。

那么为什么有袋类的幼崽会比真兽类的小那么多呢？

其答案就在于两类动物在生殖器方面的小小差别。有袋类动物的子宫和阴道左右各有一套，所以每一个子宫相对较小；而真兽类的子宫和阴道只有一套，所以子宫相对较大。

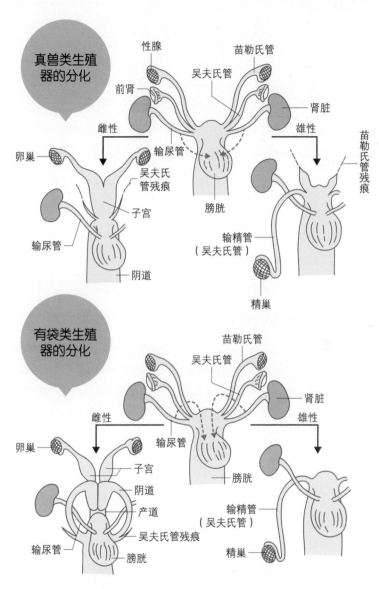

真兽类生殖器的分化

性腺

苗勒氏管

吴夫氏管

前肾

肾脏

雌性

雄性

苗勒氏管残痕

卵巢

输尿管

吴夫氏管残痕

子宫

输尿管

膀胱

阴道

输精管（吴夫氏管）

精巢

有袋类生殖器的分化

苗勒氏管

吴夫氏管

肾脏

雌性

输尿管

雄性

卵巢

子宫

阴道

膀胱

产道

吴夫氏管残痕

输精管（吴夫氏管）

输尿管

膀胱

精巢

摘自《观人体 谈进化》（*Newton Press*《日本牛顿科学杂志》）

有袋类的子宫受输尿管位置的影响而没能变大

这种差别正是造成有袋类与真兽类幼体大小差异的原因。不过真兽类一开始也有两个子宫，现生真兽类中仍有很多动物具有两个子宫，而与有袋类不同的是，它们的阴道只有一条。人类在胚胎时期，女性生殖器的原始器官苗勒氏管左右各有一条，并且成年女性的输卵管同样也是左右各有一条。

两条苗勒氏管在成长过程中，会在身体的正中间位置逐渐融合成一条并最终形成一个很大的子宫。而有袋类的苗勒氏管却没能融合，原因是有袋类动物的两条苗勒氏管中间有输尿管经过，从而阻碍了两条管道的融合。而人类等胎盘类动物的输尿管是从苗勒氏管的外侧绕过的，所以并没有对苗勒氏管的融合造成影响。

仅仅因为输尿管位置的不同，就决定了幼体体形的差异，最终引导不同的物种走向了完全不同的命运，真的是太奇妙了。

第四章

循环系统和呼吸系统

心脏其实不在左边

总是把心脏画在左边的原因

从小学时我们就知道，我们的心脏在身体的左边，而且各种人体插画中也都会把心脏画在左边。如果问起"心脏在哪里"，回答"在左边"倒也没错，但这个答案只能得55分。

准确来说，人类的心脏位于胸腔正中，只是稍微向左侧凸出。但是，为什么心脏的跳动声来自左边，并且医生在检查心脏时也会把听诊器放在我们左侧的胸口呢？这个问题后面再解答，现在我们先来了解一下心脏的进化史。

首先，最原始的是鱼类心脏。鱼类的心脏只有一心房一心室，并没有像哺乳动物的心脏那样分为左右两部分。从心脏流出的血液会通过鱼鳃排出二氧化碳，同时吸入新鲜氧气，然后重新流向全身的毛细血管；血液将氧气送至全身器官，并将各器官产生的二氧化碳带走，然后再次回到心脏，如此循环往复。与哺乳动物一样，鱼类的心脏位于身体正中，也是向全身输送血液的泵，只不过鱼类的心脏没有分成两部分。

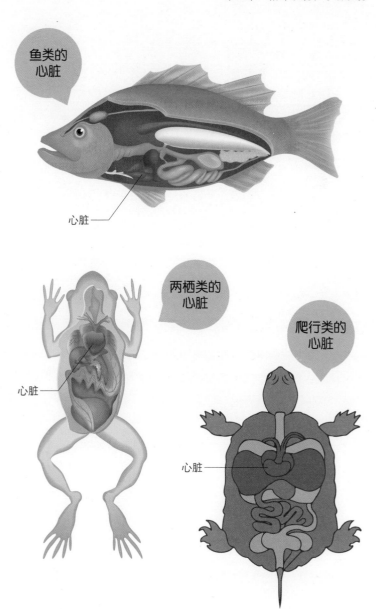

鱼类、两栖类、爬行类的心脏都位于身体正中

接着是两栖类。两栖类动物的心脏有两心房和一心室，而哺乳动物的心房和心室都各有两个，后面我们会详细介绍。

两栖类虽然有两个心房，但大小均等，整颗心脏处于身体中央位置。而爬行类的心脏已经分成了两个心房和两个心室，但两个心室还没有完全分开。爬行类的心脏也在身体正中。

最后是人类。人类的心脏究竟有着怎样的构造呢？人类心脏有两心房和两心室，从上到下右边为右心房和右心室，左边是左心房和左心室。

心房是贮血器，会将流到心脏的血液暂时储存，之后输送到心室，心室收缩将血液排向身体的其他器官。

这里，随着血液的流向我们来观察一下心脏的活动。首先，以心脏右下部的右心室为起点，心室收缩将血液从心脏输出，不过由右心室泵出的血液只流向肺部。血液流出的通道被称作动脉，流向肺部的动脉则称作肺动脉。

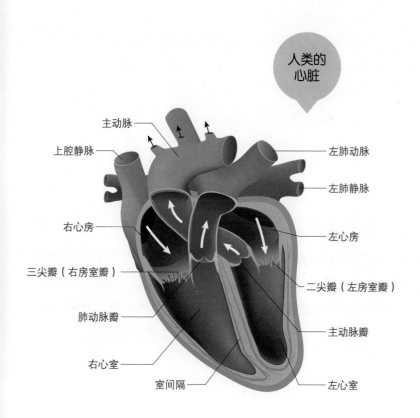

人类的心脏

主动脉

上腔静脉

左肺动脉

左肺静脉

右心房

左心房

三尖瓣（右房室瓣）

二尖瓣（左房室瓣）

肺动脉瓣

主动脉瓣

右心室

室间隔

左心室

人类的左心室大而强壮

流向肺部的血液会在这里将二氧化碳废气排出，然后吸入新鲜氧气，进而变成动脉血。含氧量较多的血液叫动脉血，反之含二氧化碳量较多的血液则被称作静脉血。但肺动脉中流动的并不是动脉血，而是静脉血，这点请大家不要混淆。

血液在肺部完成氧气更新，变成动脉血之后，会暂时被输送到心脏的左心房。这里还有一点要特别提醒一下大家，帮助心脏回收血液的血管叫作静脉，所以这里协助动脉血从肺部流向心脏的血管是肺静脉，请注意区分。从肺部流向心脏的动脉血在左心房暂存后，接着会流到左心室，然后左心室收缩，最终将血液输送至全身各处。向全身各部分输送血液的主要导管即为主动脉，主动脉上又会生出许多小的分支，分别通向头颈部、四肢、内脏器官等，最后使血液遍布全身毛细血管。

读到这里，大家是不是已经明白了我们的心脏为何向左凸出了？

左心室担负着向全身血管输送血液的重任，所以它的工作量要比只向肺部输送血液的右心室大很多，因此左半边心脏的跳动也更加强劲有力，左心室的肌肉相对也更厚实。

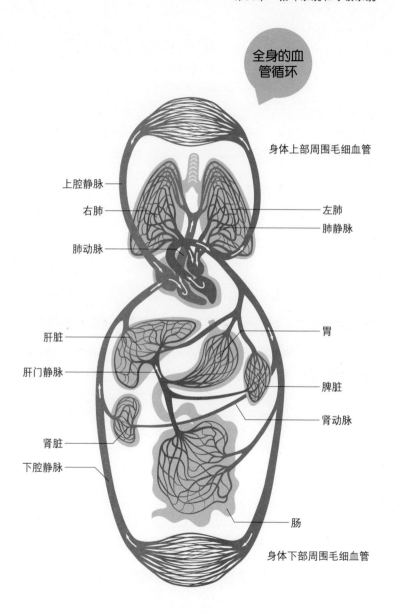

全身的血管循环

身体上部周围毛细血管

上腔静脉

右肺

左肺

肺静脉

肺动脉

肝脏

胃

肝门静脉

脾脏

肾动脉

肾脏

下腔静脉

肠

身体下部周围毛细血管

所以说心脏并不是在胸腔的左侧，只不过是左侧心脏（左心室）比较大而已。

人类胎儿时期的心脏还在正中位置

实际上，在人类的胎儿时期，整颗心脏都在胸腔正中，左心室也还没有变大，与右心室的输血量基本持平。胎儿出生以后，左心室开始向全身输送血液，输血量增多，左心室随之变强、变大。

由左心室输出的血液，会通过毛细血管给各个器官提供氧气，同时将器官产生的二氧化碳回收，然后再次流回心脏。

回收血液、流向心脏的血管就叫静脉，从下半身运回血液的就是下腔静脉，从上半身回收血液的则是上腔静脉。通过静脉回收来的血液首先会被运送到心脏右上部的右心房，接着流入右心室……这样就完成了一个循环。

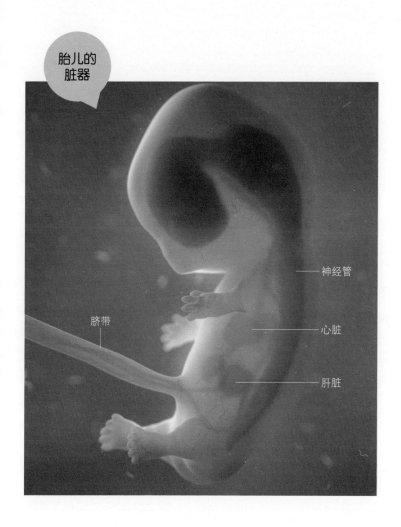

胎儿的脏器

神经管

脐带

心脏

肝脏

没有细胞核的红细胞

在人的身体中，流动着约5升的血液。血液无法人工制造，所以我们会根据情况需要献血或输血。血液是一种"活"的液体，其中含有成千上万的细胞。血液中的细胞叫作血细胞，约占总体血液的45%，其余的液体部分为血浆。

血细胞中含量最多的是红细胞，红细胞含有的血红素（血红蛋白）可以帮助血液运送氧气。人类的红细胞较小，直径大约只有八微米。青蛙的红细胞直径则在三十微米左右，大约是人类红细胞的四倍。

红细胞虽然叫细胞，但却没有细胞核。细胞核含有细胞中大多数的遗传物质（DNA），而成熟的红细胞并不具有它。实际上，骨髓中的造血细胞最开始分裂出的红细胞是有细胞核的，但在进入血液前的成熟过程中，红细胞的细胞核慢慢消失了。正是因为没有细胞核，红细胞的体积才会这么小。其中的原因我们稍后再做介绍。

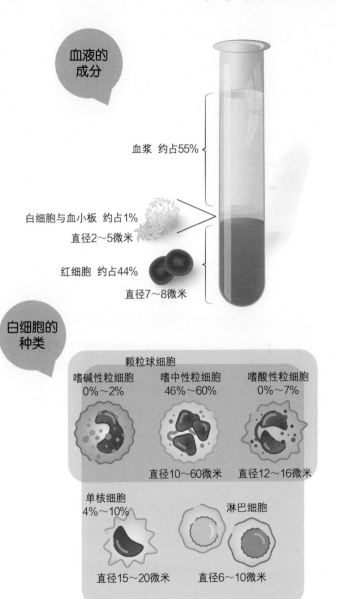

血液的成分

血浆　约占55%

白细胞与血小板　约占1%
直径2~5微米

红细胞　约占44%

直径7~8微米

白细胞的种类

颗粒球细胞

嗜碱性粒细胞
0%~2%

嗜中性粒细胞
46%~60%

嗜酸性粒细胞
0%~7%

直径10~60微米

直径12~16微米

单核细胞
4%~10%

淋巴细胞

直径15~20微米

直径6~10微米

白细胞和血小板的作用

除红细胞外，血细胞中还有另外两种细胞，一种是白细胞，一种是血小板。说起白细胞，我们一般认为它是某一种特定的细胞，但实际上白细胞也有多个不同的种类：可以释放杀菌物质的颗粒球细胞，异物侵入时产生抗体的淋巴细胞，吞噬细菌的巨噬细胞，等等。

其中淋巴细胞和巨噬细胞还是一种免疫细胞，巨噬细胞在吞入抗原后，将其所携带的抗原决定簇转交给T淋巴细胞，继而诱导B淋巴细胞制造抗体。

血小板有止血的功能，当血管受创失血时，血小板会促进血液凝固，从而达到止血的目的。受创血管内侧细胞下的基底膜和结缔组织在接触血液后，会释放血小板激活因素促使血小板聚集，用来堵住伤口。

但当血小板凝块不足以给伤口止血时，血浆中的纤维蛋白原会转化为纤维蛋白，互相交织的纤维蛋白使血小板凝块与红细胞缠结，形成血凝块，从而更有效地止血。

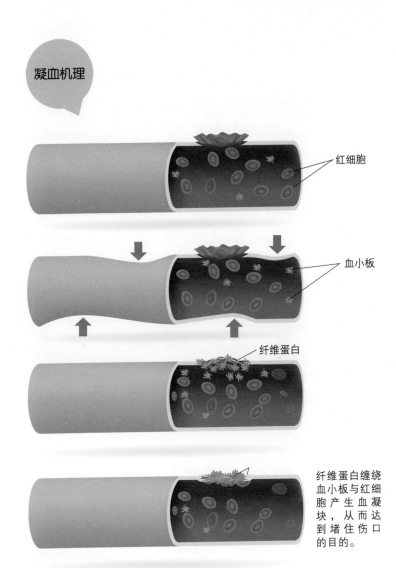

凝血机理

红细胞

血小板

纤维蛋白

纤维蛋白缠绕血小板与红细胞产生血凝块，从而达到堵住伤口的目的。

患血友病的男性多于女性

血液的凝结，需要在血液和血管内皮细胞中含有的多种凝血因子的共同作用下才能完成，但有一些人先天就缺少这些凝血因子。

因凝血因子缺失导致的疾病中，最具代表性的就是血友病。血友病患者所缺失的凝血因子，是由性染色体中X染色体所携带的一种基因所控制的，因此，血友病在只有一个X染色体的男性中的发病率，比有两个X染色体的女性更高。因为在女性的两个X染色体中，只要其中一条正常，人体就不会发病。

红细胞很小

血液的液体部分被称作血浆，血浆中含有很多物质，比如身体各处所需的营养成分、氨基酸和葡萄糖、血浆蛋白、各种无机盐等。同时，身体所产生的诸如尿素、二氧化碳、氨等代谢废物也溶于其中。

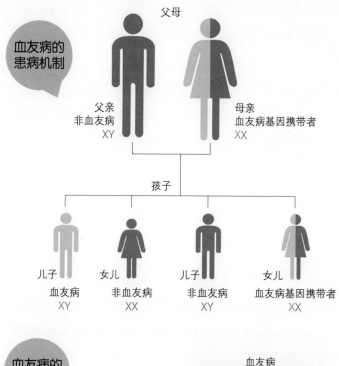

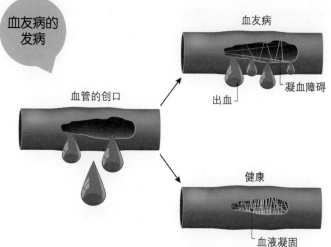

身体所需的营养成分和产生的废物，会通过毛细血管被运送至肝脏和肾脏，然后在那里完成新陈代谢或被排出体外。

血液是一种万能液体，血液中含有多种细胞、血浆以及各种各样的物质，绝对不是简简单单就能人工合成的。

最后我们再来说一说人类的红细胞为什么这么小。前文中讲到，从人类心脏出发的血管有肺动脉和主动脉等，其中主动脉担负着向全身毛细血管输送血液的职责。向肺动脉输送血液平均需要25mmHg的血压，而主动脉的平均血压是肺动脉的五倍之多，一般在120～140mmHg之间。

如果人体内血压过高，会导致血管爆裂。尤其是肾脏中的肾小球，这里聚集着丰富的毛细血管，血管壁非常薄。

在解决这个问题上，红细胞可以说功不可没。血管的粗细主要由红细胞的大小来决定，在血管壁厚度不变的情况下，如果红细胞较大，血管就会较粗，血流量较大，血管就容易损坏；如果红细胞小，血管也可以变得细一些。

青蛙等两栖类动物是没有肺动脉和主动脉之分的，全身血压也是恒定的，大约是30mmHg，与人类的肺动脉血压相当。由于血压较低，所以两栖类的红细胞即使大一些也不会挤破血管。

人类和两栖类的红细胞

人类的红细胞
（直径约8微米）

青蛙的红细胞
（直径约30微米）

肾小球

鱼类和人类都已进化到了最高级

从鱼类到两栖类，再到爬行类，然后是哺乳类，地球上的生命自诞生以来，一直没有停下进化的脚步。按照这种进化顺序，我们肯定会理所当然地认为哺乳动物的器官比鱼类的要高级。

但事实并非如此。现在地球上生存的所有鱼类、两栖类、爬行类以及哺乳类动物，都是由过去的物种进化而来，所以人类的进化程度并不比鱼类高。任何相同时期的动物，它们的进化级别都是相同的。

肺也是如此。部分鱼类具有一种叫"鱼鳔"的器官，和肺一样，鱼鳔也是一个用来装空气的"袋子"，是由消化器官的内壁凹陷形成的。

鱼类有鱼鳔，人类有肺，我们会由此推断，鱼鳔早于肺出现，但事实上肺的出现要早于鱼鳔。

如今生活在深海中，拥有"活化石"之称的腔棘鱼就曾经有肺，但是现在已经退化掉了。原来肺的位置现在填满了脂肪，以此来减轻体重。

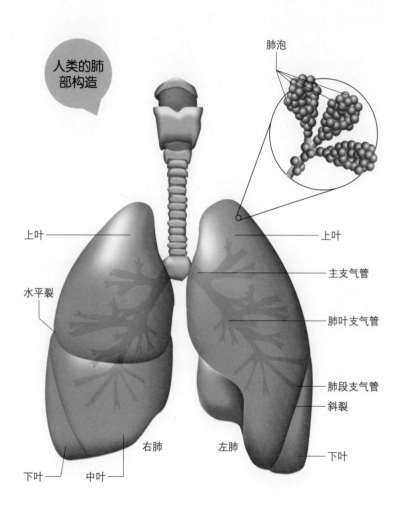

人类的肺部构造

肺泡

上叶

水平裂

下叶　　中叶　　右肺

上叶

主支气管

肺叶支气管

肺段支气管

斜裂

下叶

左肺

用肺呼吸的鱼类

古代腔棘鱼生活在距今约3亿6000万年前，从这个时间再往前追溯5600万年，也就是距今约4亿1600万年的泥盆纪，四足动物首次登上地球的舞台，具有肺的鱼类也出现于该时期。这些鱼类迫于某种原因，不得不在陆地上呼吸，也就是从这个时候起，地球上出现了用肺呼吸的鱼类。

不过，由肺吸入的空气并不会直接以气体的形式游走于身体中，氧气首先需要溶于水，然后才能在血液中进一步扩散。所以肺脏内的环境是十分湿润的，人类也是如此。

一般认为，曾在泥盆纪登上陆地的鱼类，在经过一定的时间后又返回到了水中，与嘴等消化器官相贯通的肺也因此关闭，后来演变成了鱼鳔。综上所述，在生物的进化史上，是先有肺，而后才有鱼鳔的。

现生鱼类中，进化程度最高的是鳍中有鳍条的辐鳍鱼纲中的真骨鱼类，较为常见的有鲷鱼、鲑鱼、金枪鱼、鲣鱼、鲱鱼、青花鱼等。进化后的鱼鳔，也只有在这些真骨鱼类身上才能见到。

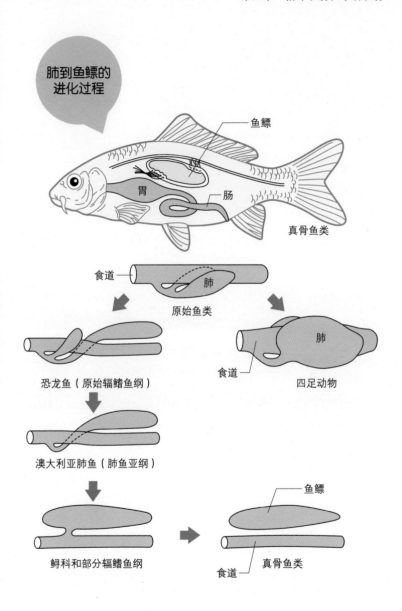

肺到鱼鳔的
进化过程

鱼鳔

胃

肠

真骨鱼类

食道

肺

原始鱼类

肺

食道

四足动物

恐龙鱼（原始辐鳍鱼纲）

澳大利亚肺鱼（肺鱼亚纲）

鲟科和部分辐鳍鱼纲

鱼鳔

食道

真骨鱼类

补偿机能的发达

相比其他生物，人类拥有更优秀的补偿机能。如果人类的某种能力退化，其他功能便会因此变得更发达。

比如，有些人由于疾病或事故，失去或无法使用双手，但他们却能够用脚代替手来生活。大多数人都不能像使用手那样来使用脚，因为脚原本的职能就是站立和行走，不必像手一样做抓取等动作。可能大家也见过用脚操作电视遥控器的人，但说到底这些只是脚的派生动作。

但是，一旦我们的手无法正常使用，脚就能代替手。吃饭等日常活动自不必说，有人甚至还可以用脚来弹奏管风琴。

同样，视觉不好的人，仅通过拐杖敲击物体发出的声音，就可以辨别其为何物。这是因为，视觉不好的人的听觉会比正常人发达。前面的章节中我们也讲过，在恐龙称霸地球的时期，哺乳动物的视觉并不怎么好。当时的哺乳动物为了躲避恐龙的攻击，只在夜间出来活动，所以发达的听觉比视觉更有用。

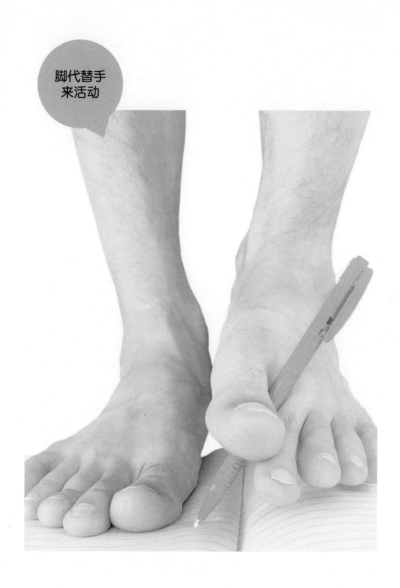

不会看地图的女性也能顺利到达目的地

之前有一本红极一时的书，叫《不听话的男人和不会看地图的女人》。实际上，女性就算不会看地图，也能比男性更早到达目的地。因为女性知道，看地图不如向别人问路来得快。

而男性通常会选择自己看地图，然后努力找到要去的地方，就算女性告诉他们"直接问别人会更快"，他们也会以不擅长向别人问路为由，继续死死地盯着地图。

当然这里有个体差异，并不是每个人都一定会这样，或一定会那样，只是从总体来看会有那一方面的倾向。

这种事情我们无法评判对错，总之所有不足的东西，都会以其他的形式来补足。无论是身体器官的功能，还是一个人的个性、性格、习惯等，都适用这条定理。

第五章

消化系统

胃是一个小仓库
胃其实不是为消化食物而存在的

在课堂上，我们通常会把胃作为一个消化食物的器官来认知，但实际上，胃真正的职能并不是消化食物。胃黏膜所分泌的胃酸和胃蛋白酶，能够初步分解食物中的蛋白质，使食物变成粥状。

但即便是变成粥状，由于颗粒太大，胃肠黏膜依然无法进一步消化吸收食物。

那么，胃的作用到底是什么呢？最准确的答案应该是"储存食物"。实际上，一些胃部有疾病的人，会需要做胃切除手术，患者在切除了胃后依然可以进食，只是不能像有胃时吃得那么多。这时如果一次性吃太多的话，会引起恶心和呕吐。

人们在日常生活中，不可能一直吃东西，因为那样会让工作甚至基本的生活都无法保障。因此，胃就承担起了储存食物的职责。以人类的胃为例，它可以帮我们储存至少一升的食物。

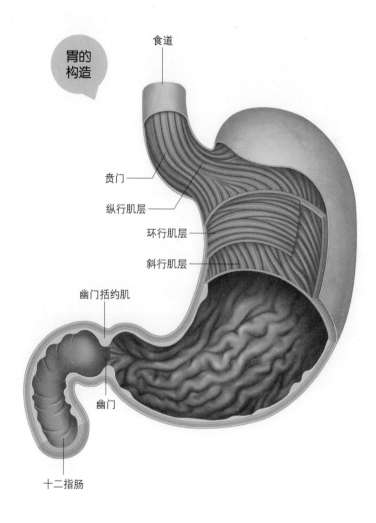

胃的构造

食道

贲门

纵行肌层

环行肌层

斜行肌层

幽门括约肌

幽门

十二指肠

胃酸的酸性极强，甚至会灼伤食道

经口腔咀嚼过的食物，向下通过食道进入胃中，再经胃的蠕动，最后把摄取的食物运送到肠道进行消化。食道和胃的蠕动，保证了食物能够顺利到达肠道进行消化，而不会反方向流出。但有时也会有反流情况发生，当位于食道和胃之间的贲门无法正常闭合时，就容易导致反流性食道炎，患者的胃酸会反流到食道，造成烧心感。反流性食道炎患者在站立或坐着时，往往没有明显症状，躺下后胃酸发生反流，严重时会造成患者胸部灼痛，影响睡眠。

那么，为什么胃酸的酸性这么强呢？如果胃只是单纯用来储存食物的，那胃酸又为什么存在呢？

胃酸可以辅助肠对食物进行简单消化，但它更重要的职责则是"杀菌功能"。如果食物长时间储存在胃中，很容易腐败变质，尤其是人类37℃的恒定体温，更为细菌的滋生创造了有利条件。在这里，胃酸就显得尤为重要了。酸性极强的胃酸几乎可以杀灭所有细菌。目前在胃酸中能够生存下去的，仅有一种叫"幽门螺旋杆菌"的细菌。

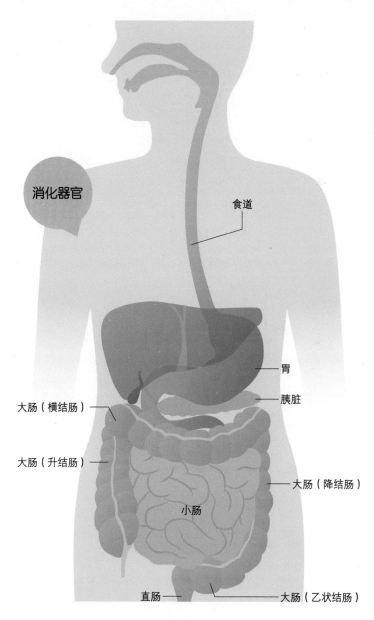

消化器官

食道

胃

胰脏

大肠（横结肠）

大肠（升结肠）

大肠（降结肠）

小肠

直肠

大肠（乙状结肠）

空肠与回肠长达六米
消化面积约有两百平方米

　　这里我们来简单说一下消化系统中的各个脏器吧。储存在胃部的食糜，接下来首先会被送到十二指肠。十二指肠是小肠的起始部位，紧贴腹后壁，位于胃和横结肠（大肠的一部分）的后方，长约二十五厘米，整体呈C形。

　　十二指肠的一个作用就是把胃运送来的强酸性食糜用自身分泌的碱性黏液进行中和，以保护肠黏膜不被胃酸侵蚀。胆汁和胰液也会参与进来，真正意义上的"消化"就此开始。

　　除十二指肠外，小肠还包括空肠和回肠。空肠和回肠全长约六米，悬挂在腹后壁和肠系膜之间，被大肠所包围。

　　空肠和回肠是消化和吸收食物中营养物质的主要场所。为了使消化吸收更加彻底和充分，包含十二指肠在内的整个小肠的内表面上有无数的环行皱襞，皱襞黏膜上有许多绒毛状的凸起，叫小肠绒毛，绒毛间的凹陷叫作肠隐窝。

　　小肠内的所有表面都被小肠上皮细胞所覆盖，每个细胞上面又有许多被称作微绒毛的毛状凸起。

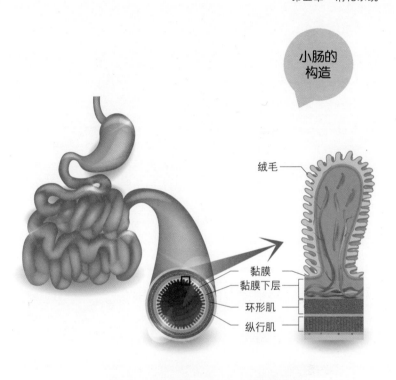

小肠的
构造

绒毛

黏膜
黏膜下层
环形肌
纵行肌

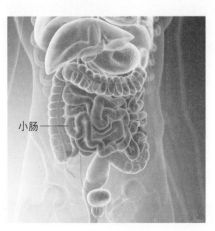

小肠

小肠内表面上有大量的小肠绒毛，每一根绒毛上面又有无数的凸起，这些凸起展开后，面积十分广阔，空肠和回肠的部分就可达两百平方米。人类对食物的消化和吸收，就是在小肠宽广的表面积上进行的。

大肠吸水能力不好会导致腹泻

食物中的营养成分在被小肠吸收完毕之后，剩余的消化物将被运往大肠。大肠可分为盲肠、结肠、直肠三部分，其中盲肠我们会在后文中介绍，现在先来说一下结肠和直肠。结肠环绕在小肠的四周，上行部分叫作升结肠，横向部分叫作横结肠，下行部分叫作降结肠，最后与直肠相连的部分被称作乙状结肠，直肠向下直接与肛门相连。

大肠的作用是吸收食物残渣中多余的水分，使直肠的排泄活动更加顺利地进行，如果水分不能得到充分吸收，就会引起腹泻。

在人类进食后，通过小肠等消化器官的蠕动，消化过的食物残渣将会被输送给大肠。大肠在受到食物残渣的刺激后，条件反射产生蠕动，促使结肠将消化物运往直肠，进而使人产生便意。得到大脑的最终指令（上厕所等）后，消化物残渣从肛门排出，完成排泄。

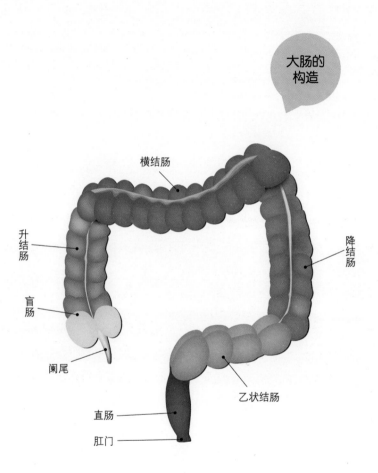

大肠的构造

横结肠

升结肠

盲肠

阑尾

降结肠

乙状结肠

直肠

肛门

不可轻易切除阑尾
阑尾可帮助杀灭侵入体内的病菌

盲肠手术，一般都是急性阑尾炎导致的。患上这种疾病后，病人大多数情况下需要将阑尾切除，因为普遍观念认为阑尾对人体没有太大用处。但是现在，有学者否定了这一说法，因为在阑尾中聚集着很多淋巴结，也就是说阑尾是免疫系统与侵入人体的病菌战斗的战场。

阑尾凸出于盲肠的一端，像极了膨胀前的气球嘴儿。盲肠中居住着溶解纤维素的微生物，可以溶解植物细胞壁中坚硬的纤维。因此，草食性动物的盲肠相对较长。

不过人类是杂食性动物，也不会吃坚硬的植物纤维，所以，对于人类来说，盲肠是一个不必要的器官，但阑尾不一样。

虽然口腔、食道、胃、小肠、大肠、直肠、肛门等整个消化道都处于体内，但同时也是与外界相通的，所以会有很多病菌趁机侵入人体中。为了更好地杀灭这些有害病菌，拥有丰富淋巴结的阑尾可以说是人类不可或缺的器官之一。

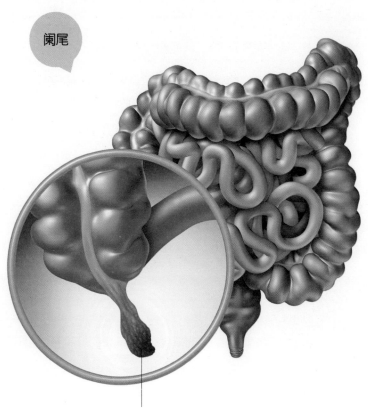

阑尾

患有急性阑尾炎的阑尾

消化系统的核心
古老而发达的肝脏

　　肝脏是所有脊椎动物共有的、最重要、最原始的消化器官。人类的肝脏重达一公斤，是人体中除皮肤以外的最大器官。肝脏与心脏和大脑同等重要，都是构成人体的最基本的器官。

　　肝脏的功能大体上可以从肝门静脉相关和胆管相关两方面来阐述。肝门静脉的作用是收集来自腹腔消化器官（胃、小肠、大肠、胰脏）和脾脏的血液，并输送至肝脏。

　　从食物中吸收到的营养物质，随着血液的流动全部被汇集到肝脏，并由肝脏对其进行代谢转化和保存。营养成分中最重要的是葡萄糖，它是能量的主要来源，主要通过摄取碳水化合物来获取。为保持血糖的稳定，在消化过程中，从食物中获取的葡萄糖随血液进入肝脏后，有一部分会转变成肝糖原储存在肝脏中，这种转化可以使餐后摄取的葡萄糖不会被迅速用完，保证我们在下一次进食之前，有足够的能量来维持身体活动。

　　除此之外，肝脏还可以合成并释放清蛋白和球蛋白等血浆蛋白、储存维生素A、活化维生素D等。可以说肝脏是全身代谢活动的中枢器官。

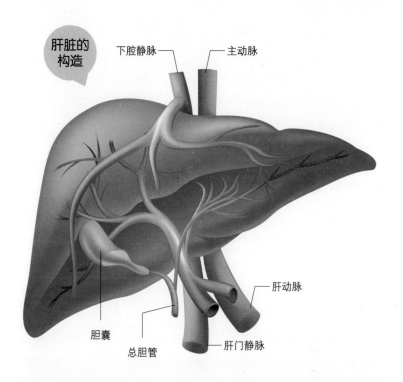

肝脏的构造

下腔静脉　　　主动脉

肝动脉

胆囊

总胆管　　　肝门静脉

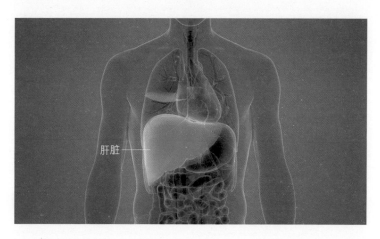

肝脏

与肾脏同等重要的排毒器官

另一方面，从肝脏中排出的代谢废物会统一汇集到胆汁，然后运向肠道。胆汁中含有可以协助消化脂肪的成分，可将脂溶性物质通过氧化或还原转化为水溶性，使其更容易排泄。胆汁还具有解毒作用，可以将对身体有害的物质转变为无害物质。

肝脏不仅是一个代谢器官，还是一个与肾脏同等重要的排毒器官。因此我们说，肝脏对人类的重要性与脑和心脏不分轩轾。

肝脏的作用

糖的代谢	收集葡萄糖，将其转变成肝糖原并暂时储存，保证了血液中葡萄糖浓度（血糖）的稳定。
蛋白质的代谢	合成并释放氨基酸。把氨基酸分解过程中产生的氨转变成对身体无害的尿素。
脂肪的代谢	合成脂肪酸和胆固醇。将脂蛋白释放进血液。
合成血浆蛋白	合成并释放清蛋白、球蛋白等血浆蛋白。
维生素及激素的代谢	储存维生素A，活化维生素D，分解类固醇激素。
解毒	将脂溶性的物质氧化或还原成水溶性，方便排泄。
产生胆汁	将代谢废物排到胆汁中并运向肠道排泄。胆汁中的成分有协助脂肪消化的作用。

摘自《人体解剖全掌握》（坂井建雄　桥本尚词／著，日本成美堂）

第六章

皮肤与体毛

皮肤是一种感觉器官

人体最大的器官——皮肤

　　大多数人都不会觉得皮肤是一种感觉器官,因为它不像眼睛的视觉、耳朵的听觉、鼻子的嗅觉、舌头的味觉那样有很明确的职能划分,比较容易被大家所理解。

　　皮肤是一种负责触觉的感觉器官,不过一般不被人所知,这可能是因为皮肤的面积太过宽广,且相比其他器官又具有很强的适应性。除痛觉外,人们基本对所有触觉都有很强的适应性。比如我们在穿一些贴身的衣服时,衣服穿完的一瞬间,我们就已经忘记了自己的皮肤正在与衣物接触这件事。

　　不过,皮肤在准确锁定受刺激部位方面的能力十分突出,无论是痒、热还是疼痛,我们都能迅速在身体上找到这些感觉发出的部位。而且,当用没有毛发部分的皮肤去触摸一些东西的时候,我们甚至能识别出所触摸东西的属性和特质。在这一点上,手的灵敏度或许要高于脑。

　　皮肤的感觉主要有触觉、压觉、温觉、冷觉和痛觉,详细情况我们将在后文进行解说,现在先来看一下皮肤的构造。皮肤大致可以分为三层,最外侧的表皮层、中间的真皮层和皮下组织。

皮肤的构造

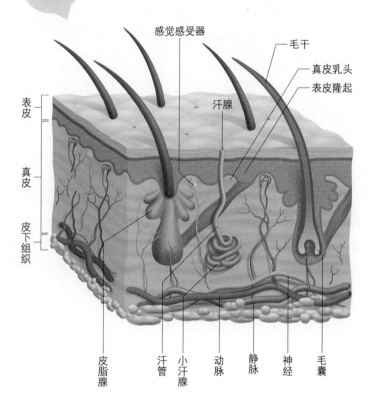

感觉感受器

毛干

真皮乳头

表皮隆起

汗腺

表皮

真皮

皮下组织

皮脂腺

汗管

小汗腺

动脉

静脉

神经

毛囊

皮肤由表皮、真皮和皮下组织构成

表皮为复层扁平上皮，由多层扁平的细胞层组成。我们在洗澡时从身体上搓下来的泥垢，其实就是最上层表皮细胞死亡后剥落形成的。因为在表皮最深处，会不断有新的细胞层产生并逐渐向浅层推移，以补充衰老、脱落的角质细胞。

真皮由强韧的结缔组织构成，不会像表皮一样不断进行新陈代谢。所以，做文身时一旦颜色进入真皮层，就很难去掉了。毛囊、毛发感受器、游离神经末梢、触觉小体、鲁菲尼小体等感觉感受器也都位于真皮层。真皮中的温度感受器和梅克尔盘等还会直接与表皮层接触，用来感受温度和触觉。

另外，真皮中还有丰富的毛细血管，血管中渗出的营养物质可以为血管无法到达的表皮层提供能源。

皮肤最深层的部位就是皮下组织了，毛根和小汗腺的底部都会触及这一层。皮下组织中有帕氏小体压力感受器和皮下脂肪等。

皮肤中的神经

触觉小体
分布在手掌、足底、阴蒂等部位，感受触觉。

游离神经末梢
分布在全身，感受触觉、温觉和痛觉。

克劳泽氏小体
分布在口腔、鼻腔等部位，感受压觉、触觉和冷觉。

梅克尔盘
与表皮内的触觉细胞相连。

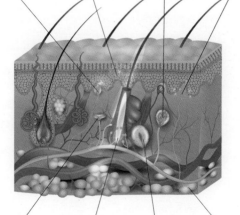

鲁菲尼小体
分布在手指、足底、关节周围等部位，感受机械刺激。

毛根神经丛

帕氏小体
感受深部压觉和振动。

脂肪细胞

皮肤中的五个感觉感受器

刚才我们说到，人类的皮肤大致有触觉、压觉、温觉、冷觉和痛觉五种感觉。这里我们首先来介绍一下触觉和压觉。

皮肤中的感觉感受器并不是聚集在某一处，而是分布在全身各个部分的。触觉刺激通过表皮中的梅克尔细胞传达给真皮中的梅克尔盘，再由梅克尔盘神经将其转换为电信号，传递到大脑或脊髓。触觉小体也是通过这种方式来传达触觉的。

这里我们所说的触觉是指接触感觉，就是皮肤轻触某种东西时所产生的感觉。当触觉逐渐下压、加强时，会转变为压觉，压觉由皮下组织中的帕氏小体负责感受。触觉和压觉性质类似，只是所受刺激的强度不同，所以两者之间并没有明显的区分。

接下来说温觉和冷觉。看到这两个词，人们常常会误以为这是两个感知温度的感觉，但准确来讲，温觉和冷觉是两个感知温度变化的感觉，温觉负责感知温度的上升，冷觉负责感知温度的下降。

温觉的工作范围是30～40℃，冷觉是10～35℃。在人体中，感知冷觉的冷点要比感知温觉的温点多。温觉和冷觉同触觉一样，都具有很强的适应性，人大概用三秒左右的时间就能适应（忽略）这种感觉。

疼痛的
传递

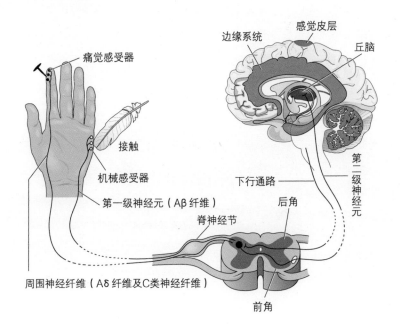

痛觉感受器

接触

机械感受器

第一级神经元（Aβ 纤维）

脊神经节

周围神经纤维（Aδ 纤维及C类神经纤维）

边缘系统

感觉皮层

丘脑

第二级神经元

下行通路

后角

前角

感知疼痛分为两个阶段

但是感知疼痛的痛觉不会产生适应性，只要产生疼痛的原因不被根除，痛觉就会一直存在。疼痛是身体发出的一种危险信号，但痛觉需要通过两个阶段的感受器才能被感知。

首先，我们在受到机械刺激后最开始所感受到的剧烈疼痛，是机械痛觉感受器将刺激通过粗壮的A类神经纤维传达到中枢神经系统所产生的。这时产生的疼痛为"一次疼痛"，一次疼痛瞬间就会消失。

接下来将会发生的是"二次疼痛"。二次疼痛是多觉型伤害性感受器在感受到持续造成疼痛的刺激后，通过较为迟钝和纤细的C类神经纤维传达到中枢神经系统所产生的。

二次疼痛往往会伴随着心跳加快、血压升高、瞳孔放大、出汗、自律神经问题等，这些反应一般会伴随疼痛一直持续，直到疼痛被治愈。

皮肤因此承担着比其他感觉器官更多的职能。

二次疼痛

冷汗

心跳加快

血压升高

瞳孔放大

身体不适

在胎儿身上闪现的胡须痕迹

人类的胡须其实不算是胡须

人类的胡须与猫、狗等动物的胡须完全不同。人类的胡须与头发、眉毛、腋毛除了生长区域不一样外，没有任何不同之处。

但猫、狗等动物的胡须可以充当触觉器官。除灵长类外，其他哺乳动物都长有触毛，观察猫的胡须可以发现，它们的胡须长、粗且硬，与身体上的毛有很大差别。

在触毛的毛孔中，有一种叫作毛乳头的凸起，其根部聚集着很多神经，能够感知触毛与其他物体的接触。另外，因四足哺乳动物在行走时头是处于最前方的，为了更好地把握周围的环境，它们的胡须都长在头部。

现代人类的胡须已经彻底丧失了胡须原有的机能，因为我们的双手完全可以取代胡须，更好地发挥作用。灵长类的祖先在学习上树生活时，身体最先接触树枝的部位就是手，因此，手指就是我们捕获外界信息的头号工具。

事实上，人类在胎儿时期，手腕的内侧曾短暂出现过毛乳头的痕迹，但并没有长出触毛。

猫与人类
胡须的
差别

为什么人会变成"没毛的猴子"

大家常说，人类就是没毛的猴子。在现实生活中，除了头部、阴部和腋下，身体上其他地方有很长毛发的人确实不多。我们虽然长了满身的汗毛，但都是薄薄一层，不仔细看几乎看不到。

除人类外，大多数哺乳动物和灵长类动物的身体都会被较长的毛发所覆盖。人类在胎儿时期也会被浓密的体毛所包裹，这些体毛一般都会在胎儿出生之前退化掉，但也有一些胎儿没能成功褪掉体毛，直至出生以后浑身仍有浓密的体毛，这种现象叫"多毛症"。

当然这是一种比较罕见的情况，大部分人的体毛还是很稀疏的。这是为什么呢？

像鲸、海豚等这些生活在水中的哺乳动物都没有体毛，但水獭和河狸的身上却有，这大概与它们偶尔会爬上陆地活动有关。体毛有保温作用，与其他动物相比，生活在寒冷地区的动物，体毛会更长。不过，再长的毛在水里也无法发挥作用，毛发被水打湿后，反而会从身体带走更多的热量。

生活在炎热环境中的大象和犀牛就没有体毛，因为太长的毛发会影响皮肤散热，甚至可能会造成动物死亡，相反，生活在寒冷地区的猛犸象就有很长的体毛。小型动物中，有一些物种也没有体毛，例如裸鼹鼠。

人类体毛稀疏的原因

现在我们来说一下人类体毛变稀疏的原因，目前主要有三种观点。

第一种是说人类祖先从树上返回陆地生活以后，为了使身体更好地散热，在炎热的草原上生存下去，体毛就逐渐变得稀疏了。

哺乳动物的体毛

无体毛的海豚
（图片来源：Aflo图片网）

体毛较短的河狸

无体毛的犀牛

无体毛的裸鼹鼠
（图片来源：Aflo图片网）

人类的两次
非洲大迁徙

4万年前

6万～5万年前
黎凡特地区

第一次
12万～9万年前

曼德海峡

第二次
7万～6万年前

2.5万年前

4万年前

3.8万年前

3万～2

6万～5万年前

5万～4.5万年前

第一次 →
第二次 →

第二种是"幼态持续说",认为成年时期的稀疏体毛是幼儿时期少毛状态的延续。

第三种说人类的祖先最开始生活在水中,全身无体毛,只有头部时不时会探出水面,所以后来才长了头发。

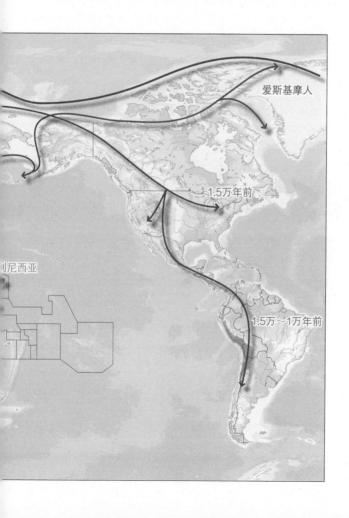

稀疏的体毛引导人类走向繁盛

不过刚才介绍的三种学说，都不是造成人类体毛稀疏的决定性原因。有学者认为，正是因为现代人体毛稀疏，最后才成为了地球的霸主；而尼安德特人则因体毛厚重，最终走向了灭亡。

现代人起源于非洲，经过不断迁徙，最终在全世界扩散开来。

现代人走出非洲的迁徙活动共进行了两次。在第一次迁徙中，连接非洲大陆与其他陆地的黎凡特地区正处于冰河期，体毛稀疏的现代人因无法抵御严寒，导致迁徙活动以失败而告终。

不过第二次，现代人成功完成了迁徙。有学者认为，现代人之所以能够顺利完成第二次迁徙，是因为他们发明了衣服，知道了只要穿上温暖的毛皮就能抵御寒冷，这也被认为是现代人比尼安德特人更优秀之处。尼安德特人体形庞大，体毛浓密，具有较强的耐寒能力，但这种先天的能力始终有限，而他们也没有想到去发明衣服，所以，一旦环境温度下降至尼安德特人所能承受的范围之外，他们就根本无法与寒冷抗衡。

聪明的现代人发明了衣服，征服了严寒，最终在生存竞争中取得了胜利。如果这些推测都是真的，那么稀疏的体毛简直可以说是构筑当今人类繁荣昌盛的基石。

第七章 内分泌系统

机能优良的内分泌系统
调控身体的内激素

"内激素是调节机体活动的重要物质"，这么说大家可能会觉得有点抽象，现在我们来梳理一下。

在前面有关眼睛的章节中，我们讲到松果体有调节人体生物钟的作用，这主要是依靠其自身所分泌的褪黑素来实现。褪黑素就是一种内激素，而分泌褪黑素的松果体就是内分泌器官。

就像褪黑素那样，由内分泌腺所分泌的激素，通过促进或抑制身体内特定器官的活动，最终可以起到调控身体的作用。在讲解生殖器官的章节中，我们还介绍了苗勒氏管生长抑制物质和睾酮，它们就是一种促使胎儿成长为男性的激素。

激素只需少量就可以发挥很大的作用，所以产生激素的内分泌器官都不是很大，不如胃、心脏这类器官的存在感强，以至于常常被人们忽略。但是，激素对于人体来说有着举足轻重的作用，如果没有这些激素，男性就无法变成男性，女性也无法变成女性。现在，我们来简单介绍一下整个内分泌系统。

在人体中，能够分泌激素的器官有很多。每个分泌激素的细胞都叫作内分泌细胞；由内分泌细胞组成的腺体或器官叫作内分泌腺；激素所能作用的器官叫作靶器官。

人体主要的
内分泌器官及
各激素的作用

下丘脑

垂体

甲状腺
·分泌甲状腺素
（增加机体细胞的
代谢活性）

甲状旁腺
·分泌甲状旁腺激
素（活化破骨细
胞）

松果体
·分泌褪黑素（可抑制促性腺
激素的分泌）

胸腺

胰脏
·分泌胰岛素（使血糖
降低）和胰高血糖素
（使血糖升高）

肾脏
·分泌促红细胞生成
素（促进红细胞生
成）和肾素

肾上腺
·肾上腺皮质 分泌盐
皮质激素（调节体液
量）和糖皮质激素（促
进糖分代谢）
·肾上腺髓质 分泌肾
上腺素和去甲肾上腺素

卵巢
·分泌雌性激素（促
进第二性征的形成）
和黄体酮（促进子宫
内腺体的分泌）

精巢
·分泌雄性激素（促
进第二性征的形成）

胎盘

胰岛素、肾上腺素、性激素

拥有内分泌腺的器官大体上可以分为两类：一类是专门发挥内分泌职能的器官；另一类是能够发挥其他职能，但同时又携带内分泌细胞的器官。像刚才我们说到的松果体、垂体、甲状腺、肾上腺等都属于第一类；携带性激素分泌细胞的卵巢、精巢，以及心脏和肾脏属于第二类。而胰脏中的胰岛则处于两种之间，它是胰脏中由内分泌细胞组成的一个岛状细胞团。

由内分泌腺所分泌出的激素，会通过血液被运送到靶器官。在所有激素中，我们比较熟悉的有胰岛素、肾上腺素、性激素等。从化学成分上来看，激素其实有更具体的分类，比如氨基酸结合形成的肽类激素、氨基酸演变形成的氨基酸衍生类激素、类固醇物质组成的类固醇激素等。

每种激素的靶器官中，都有接收相对应激素的感受器，这保证了每种激素都能准确无误地在特定的器官中发挥其特定的功能。

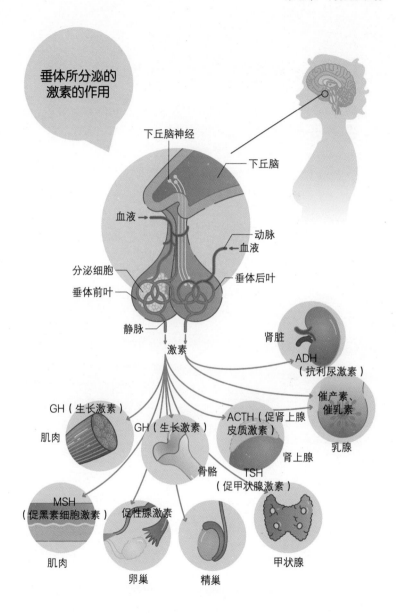

垂体所分泌的激素的作用

下丘脑神经

下丘脑

血液

动脉
血液

分泌细胞

垂体后叶

垂体前叶

静脉

激素

肾脏

ADH
（抗利尿激素）

催产素、催乳素

GH（生长激素）

肌肉

GH（生长激素）

ACTH（促肾上腺皮质激素）

肾上腺

乳腺

骨骼

TSH
（促甲状腺激素）

MSH
（促黑素细胞激素）

促性腺激素

肌肉

卵巢

精巢

甲状腺

马蹄肾
人类只有一个肾也能生存

人类在正常状态下，共有两个肾脏，一左一右位于腹腔内。肾脏外形似蚕豆，大小如拳头，可分泌促红细胞生成素和肾素等激素。

肾脏最主要的功能就是过滤血液，产出尿液。肾脏中的肾小球每天可从血液中过滤出约200升的原尿，其中约99%的水分会被肾小管重新吸收回血液，最终真正变成尿液被排出体外的只有1.5升。肾脏通过这些活动，为人类维持着相对稳定的身体环境。

不过，有些人天生就只有一个肾脏。肾脏一般有两个，形成于胎儿时期的骨盆附近，后随着胎儿的发育不断成长和移动，最终移动至肋骨下方，左右两肾相对，均朝向身体内侧。

但有些胎儿在发育过程中，两侧的肾没能完全分离，下端相连，形成"马蹄铁"形的畸形肾。这种形状的肾脏在向肋骨移动的过程中，会受到腹主动脉的阻挡，无法顺利上移，最后只能处于腹腔中较低的位置。这种情况下，本应处于肾脏后侧的输尿管也会变成从前面通过。不过即便是这样，患者的身体一般也不会有异常。无论是因一些病变摘除了一侧肾脏的病人，还是马蹄肾患者，都能够健康地存活。

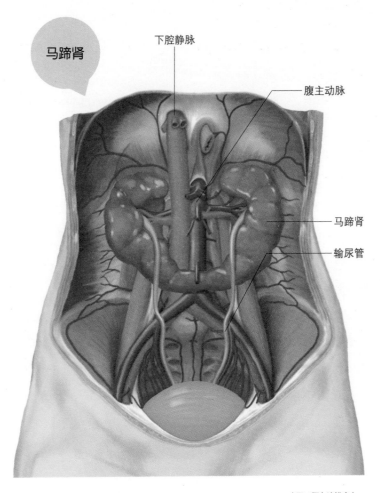

马蹄肾

下腔静脉

腹主动脉

马蹄肾

输尿管

（图／阿久津裕彦）

淋巴系统

现在，我们来说一下在之前的内容中没有详细介绍的一些重要器官。

人体中，水的含量达60%，其中又有32%分布在细胞与细胞之间，这部分水分被叫作细胞间液或组织液，可与毛细血管进行物质交换，剩余的水分则会被淋巴管吸收。

如果淋巴管不能正常工作，身体就会出现浮肿。当某个部位水分的流动性较差时，结缔组织中的水分增多，该部位的皮肤就会变得像大象的皮肤一般坚硬。

被淋巴管吸收后的组织液就是淋巴，淋巴在经过淋巴结时，会被这里的巨噬细胞清除、过滤掉所携带的细菌和病变细胞，所以淋巴结可以保护我们的身体免受有害物质的侵害。淋巴在经过数个淋巴结后，到达淋巴干。下半身和腹部内脏的淋巴管在某处汇集，形成一个膨胀，这个膨胀叫作乳糜池。然后淋巴从乳糜池出发，沿胸导管继续上行，与上半身淋巴干中的淋巴汇集，最后一起流入静脉角并进入血液中。

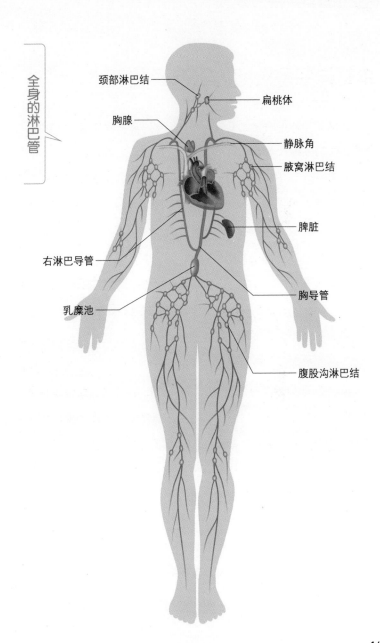

颈部淋巴结

扁桃体

胸腺

静脉角

腋窝淋巴结

脾脏

右淋巴导管

乳糜池

胸导管

腹股沟淋巴结

169

中枢神经系统和周围神经系统

神经系统遍布全身，包括负责收集身体发出的信号、控制肌肉收缩等的周围神经系统，以及处理周围神经收集来的信息、并对身体发出相应指令的中枢神经系统。

中枢神经系统由脑和脊髓组成。周围神经则以各自所连接的中枢神经来命名，与脑相连的叫作脑神经，与脊髓相连的叫作脊神经。

此外，周围神经系统中又包括受意识控制的、可以产生知觉和运动的躯体神经，以及不受意识控制的自律神经。其中，躯体神经又可分为两类：将全身感受器收集的刺激传送到中枢神经系统，产生感觉的感觉神经；将中枢神经系统发出的神经冲动传达给肌肉，产生运动的运动神经。自律神经我们会在下文做详细介绍。

在周围神经系统中，脊神经的上部颈神经、下部颈神经与第一胸神经、腰丛神经、骶骨神经，各自不断融合、分散，最后以神经丛的形式分布在身体各处。

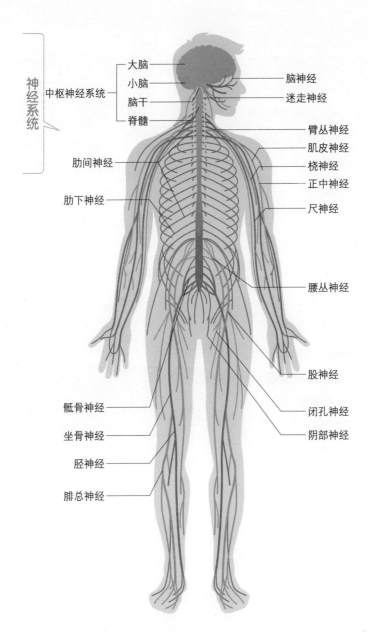

神经系统

中枢神经系统
- 大脑
- 小脑
- 脑干
- 脊髓

脑神经
迷走神经
臂丛神经
肌皮神经
桡神经
正中神经
尺神经
腰丛神经
股神经
闭孔神经
阴部神经

肋间神经
肋下神经
骶骨神经
坐骨神经
胫神经
腓总神经

自律神经系统

最后，我们再来看一下自律神经系统。

自律神经是非意识可控制的神经系统，它可以独立地控制系统中的神经，使身体产生各种反应。自律神经大多分布在内脏中，分为交感神经和副交感神经。

交感神经主要负责引起身体的紧张和兴奋，可抑制内脏等器官的机能，保障人体紧张状态下的生理需要。副交感神经有增强内脏器官活动的作用，还可以调整身体为休息和睡眠作准备。两者的活动和作用有拮抗性。

大部分内脏器官都接受交感和副交感神经的双重支配，使身体保持着一定的平衡。近年来，因压力过大造成自律神经失调的患者逐年增多，自律神经的作用越来越受重视。对现代人来说，改变生活习惯，维护自律神经的正常功能已刻不容缓。

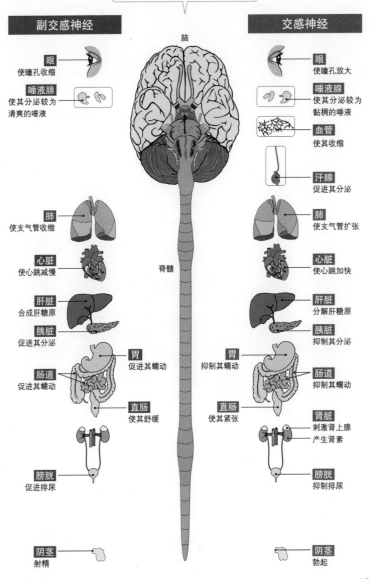

自律神经系统的作用

副交感神经

脑

眼
使瞳孔收缩

唾液腺
使其分泌较为
清爽的唾液

肺
使支气管收缩

心脏
使心跳减慢

肝脏
合成肝糖原

胰脏
促进其分泌

胃
促进其蠕动

肠道
促进其蠕动

直肠
使其舒缓

膀胱
促进排尿

阴茎
射精

脊髓

交感神经

眼
使瞳孔放大

唾液腺
使其分泌较为
黏稠的唾液

血管
使其收缩

汗腺
促进其分泌

肺
使支气管扩张

心脏
使心跳加快

肝脏
分解肝糖原

胰脏
抑制其分泌

胃
抑制其蠕动

肠道
抑制其蠕动

直肠
使其紧张

肾脏
刺激肾上腺
产生肾素

膀胱
抑制排尿

阴茎
勃起

参考书目

《人体解剖全掌握》（［日］坂井建雄　桥本尚词／著　日本成美堂）

《人体结构图鉴》（［日］后藤升　扬箸降哉／著　日本X–Knowledge株式会社）

《137亿年的故事　从宇宙诞生到今天》（［英］Christopher Lloyd／著　日本文艺春秋）

《日经科学225附录　不可思议的人体》（日经科学编辑部／编著　日本日经科学）

《肌肉的构造与作用事典》（［日］坂井建雄／著　日本永冈书店）

《观人体　谈进化》（［日］坂井建雄／著　*Newton Press*）

《"退化"的进化学》（［日］犬塚则久／著　日本讲谈社）

《图解内脏器官的进化》（［日］岩堀修明／著　日本讲谈社）

《图解感觉器官的进化》（［日］岩堀修明／著　日本讲谈社）

《世界上最简单的人体解剖图鉴》（［日］坂井建雄／著　日本宝岛社）

监修

坂井建雄（Sakai Tatsuo）

日本顺天堂大学医学部特聘教授，医学博士，解剖学生理构造科学专业。1953年出生于日本大阪府，毕业于东京大学医学部。曾担任东京大学医学部解剖学教室助手、副教授，1990年赴顺天堂大学任职医学部教授。著作和监修的图书有《人体观历史》（日本岩波书店）、《身体自然杂志》（日本东京大学出版会）、《人体的正常构造与机能全彩图鉴》（日本医事新报社）、《标准解剖学》（日本医学书院）等。

图书在版编目（CIP）数据

进化的痕迹：奇妙的人体结构图鉴 /(日) 坂井建
雄监修；冯利敏译. -- 海口：南海出版公司, 2020.2（2022.12重印）
ISBN 978-7-5442-9638-0

Ⅰ.①进… Ⅱ.①坂… ②冯… Ⅲ.①人体结构—图
集 Ⅳ.①Q983-64

中国版本图书馆CIP数据核字(2019)第161911号

著作权合同登记号　图字：30-2019-131
TITLE：〔Fushigisugiru Jintai no Shikumi Zukan〕
BY：〔Tatsuo Sakai〕
Copyright © 2018 by Takarajimasha, Inc.
Original Japanese edition published by Takarajimasha, Inc.
All rights reserved. No part of this book may be reproduced in any form without the
written permission of the publisher.
Chinese translation rights arranged with Takarajimasha, Inc. through NIPPAN IPS Co.,
Ltd., Japan.

本书由日本宝岛社授权北京书中缘图书有限公司出品并由南海出版公司在中国
范围内独家出版本书中文简体字版本。

JINHUA DE HENJI——QIMIAO DE RENTI JIEGOU TUJIAN
进化的痕迹——奇妙的人体结构图鉴

策划制作：北京书锦缘咨询有限公司
总 策 划：陈　庆
策　　划：邵嘉瑜

监　　修：〔日〕坂井建雄
译　　者：冯利敏
责任编辑：张　媛
排版设计：王　青
出版发行：南海出版公司 电话：（0898）66568511（出版）（0898）65350227（发行）
社　　址：海南省海口市海秀中路51号星华大厦五楼　邮编：570206
电子信箱：nhpublishing@163.com
经　　销：新华书店
印　　刷：昌昊伟业（天津）文化传媒有限公司
开　　本：889毫米×1194毫米　1/32
印　　张：5.5
字　　数：141千
版　　次：2020年2月第1版　　2022年12月第3次印刷
书　　号：ISBN 978-7-5442-9638-0
定　　价：48.00元

南海版图书　版权所有　盗版必究